河南省工程建设标准

河南省成品住宅设计文件编制深度标准

Standard for the Compilation Depth of the Design Documents for Finished Residence of Henan Province

DBJ41/T185－2017

主编单位:河南省城市绿色发展协会成品住房研究中心
机械工业第六设计研究院有限公司
批准单位:河南省住房和城乡建设厅
施行日期:2018 年 1 月 1 日

黄河水利出版社
2017　郑 州

图书在版编目(CIP)数据

河南省成品住宅设计文件编制深度标准/河南省城市绿色发展协会成品住房研究中心,机械工业第六设计研究院有限公司主编. —郑州:黄河水利出版社,2017.12

ISBN 978-7-5509-1952-5

Ⅰ.①河… Ⅱ.①河…②机… Ⅲ.①住宅-建筑设计-设计文件-编制-标准-汇编-河南 Ⅳ.①TU241-65

中国版本图书馆 CIP 数据核字(2017)第 320376 号

出 版 社:黄河水利出版社

地址:河南省郑州市顺河路黄委会综合楼 14 层 邮政编码:450003

发行单位:黄河水利出版社

发行部电话:0371-66026940、66020550、66028024、66022620(传真)

E-mail:hhslcbs@126.com

承印单位:郑州龙洋印务有限公司

开本:850 mm×1 168 mm 1/32

印张:4.25

字数:107 千字 印数:1—3 000

版次:2017 年 12 月第 1 版 印次:2017 年 12 月第 1 次印刷

定价:45.00 元

河南省住房和城乡建设厅文件

豫建设标〔2017〕85 号

河南省住房和城乡建设厅关于发布河南省工程建设标准《河南省成品住宅设计文件编制深度标准》的通知

各省辖市、省直管县(市)住房和城乡建设局(委),郑州航空港经济综合实验区市政建设环保局,各有关单位:

由河南省城市绿色发展协会成品住房研究中心、机械工业第六设计研究院有限公司主编的《河南省成品住宅设计文件编制深度标准》已通过评审,现批准为我省工程建设地方标准,编号为DBJ41/T185－2017,自2018年1月1日在我省施行。

此标准由河南省住房和城乡建设厅负责管理,技术解释由河南省城市绿色发展协会成品住房研究中心、机械工业第六设计研究院有限公司负责。

河南省住房和城乡建设厅

2017 年 11 月 23 日

前　言

为加强对河南省成品住宅工程的管理，提高成品住宅工程质量，保障消费者权益，河南省城市绿色发展协会成品住房研究中心、机械工业第六设计研究院有限公司结合河南省的地方特点，在参考近年来国内成品住宅建设工程方面的实践经验和研究成果、广泛征求意见的基础上，编制本标准。

本标准共分5章，主要内容包括总则、术语、方案设计、初步设计、施工图设计。

本标准由河南省住房和城乡建设厅负责管理，由河南省城市绿色发展协会成品住房研究中心、机械工业第六设计研究院有限公司负责解释。在执行过程中，请各单位注意总结经验，积累资料，并及时把意见和建议反馈给研究中心（地址：郑东新区商务内环29号新蒲大厦712室，邮编：450046），以便今后修订时参考。

1　“ABCDEFG”标注为国家规定原文；

2　“ABCDEFG”标注为新增内容。

主编单位：河南省城市绿色发展协会成品住房研究中心
　　　　　机械工业第六设计研究院有限公司

参编单位：河南有线电视网络集团有限公司
　　　　　河南省装修装饰行业管理办公室
　　　　　郑州市建筑节能与墙体材料革新办公室
　　　　　郑州公共住宅建设投资有限公司
　　　　　郑州恒基建设监理有限公司
　　　　　河南建祥装饰工程有限公司
　　　　　河南新家园建材家居有限公司

河南诚品科技有限公司

编制人员：毛卫东　肖艳辉　张　弘　牛　飚
陈贵平　于　公　郝树华　王春喜
王明磊　宣向军　赵玉珍　吴旭东
肖广成　武朝杰　谷付清　陈　泰
王永军　郝志江　王泽新　刘明英
陈　捷　王　宏　李　博　王利平
张华锋　郭　浩　牛秋蔓　刘清源
许远超　孙青松　廉小虔　千继亮
张怡冰　李运恒

审查人员：鲁性旭　刘东卫　武　振　杨家骥
薛　峰　翟　俊　水新亮　唐　丽
郑丹枫　刘　忠　刘庆宇

目　次

1 总 则

1.0.1 为加强河南省成品住宅一体化设计文件编制工作的管理，保证各阶段设计文件的质量和完整性，特制定本标准。

1.0.2 本标准适用于河南省新建成品住宅设计文件的编制，改建、扩建的成品住宅设计文件可以参照执行。

1.0.3 本标准是河南省成品住宅设计文件编制深度的基本要求。在满足本标准的基础上，设计深度尚应符合国家和地方的现行标准、规定的相关要求。

1.0.4 本标准包含住宅套内和公共部位。

1.0.5 成品住宅工程设计一般应分为方案设计和施工图设计两个阶段进行，方案设计经审批后可直接进入施工图设计；对于技术要求相对较高且合同中约定，或有关主管部门有审查要求，需要做初步设计的成品住宅项目，应增加初步设计阶段。分两阶段设计时，方案设计阶段设计深度应达到初步设计阶段设计深度。

1.0.6 各阶段设计文件编制深度应按以下原则进行（具体应执行第3、4、5章条款）：

1 方案设计文件，应满足编制初步设计文件的需要，应满足方案审批或报批的需要。

注：本规定仅适用于报批方案设计文件编制深度。对于投标方案设计文件的编制深度，应执行住房和城乡建设部颁发的相关规定。

2 初步设计文件，应满足编制施工图设计文件的需要，应满足初步设计审批的需要。

3 施工图设计文件，应满足设备材料采购、非标准设备制作和施工的需要。

注:对于将项目分别发包给几个设计单位或实施设计分包的情况,设计文件相互关联处的深度应满足各承包或分包单位设计的需要。

1.0.7 重复利用其他工程的图纸时,应详细了解原图利用的条件和内容,并做必要的核算和修改,以满足新设计项目的需要。

1.0.8 设计单位在成品住宅设计文件中选用的建筑材料、建筑构配件和设备,应当注明规格、性能等技术指标;其中内装工程还应明确施工做法和技术措施,部品的种类、规格(家具的样式、尺寸,以及陈设品的种类、样式要求)等。其质量要求必须符合国家规定的标准。

1.0.9 当建设单位委托一家设计单位承担成品住宅一体化设计时,该设计单位必须同时具有建筑设计和室内设计相应的资质;当建设单位委托建筑设计和室内设计联合体承担成品住宅一体化设计时,建筑设计单位应为主体设计单位,对主体结构和整体安全负责。室内设计单位应依据本标准相关要求以及主体建筑设计单位提出的技术要求进行一体化的室内设计,并对设计内容负责。

1.0.10 装配式成品住宅工程设计中宜在方案阶段进行“技术策划”,其深度应符合本标准相关章节的要求。预制构件生产之前应进行装配式建筑专项设计,包括预制混凝土构件加工详图设计。主体建筑设计单位应对预制构件深化设计进行会签,确保其荷载、连接以及对主体结构的影响均符合主体结构设计的要求。

2 术 语

2.0.1 室内设计 Interior Design

指根据建筑物的使用性质、所处环境和相应标准，运用物质技术手段和建筑设计原理，创造功能合理、舒适优美、满足人们物质和精神生活需要的室内环境。

2.0.2 动线 Generatrix

指人在室内外的活动轨迹。

2.0.3 成品住宅智能化 Finished Residence Intellectualization

指以住宅为平台，利用先进的探测技术、网络技术、计算机技术，实现家庭智能网络、智能照明、智能安防、远程计量、多媒体等应用服务。

2.0.4 天花 Ceiling

又称顶棚。

天花图是指对原意义上建筑顶棚进行造型及部品安装等内容的设计图纸。

2.0.5 综合天花图 Integrated Ceiling Layout

它是吊顶平面图的一种，是反映整个顶棚全部建筑构件和各专业设备布置情况的镜像平面图。

2.0.6 内装套餐 Interior Decoration Package

成品住宅针对一个户型有多种内装材料选型搭配方案，供业主选用，形成的内装套餐。

3 方案设计

3.1 一般要求

3.1.1 方案设计文件

1 设计说明书,包括项目总体说明、总平面设计、建筑、室内设计、结构、电气、给水排水、暖通、燃气与热力等各专业设计说明以及投资估算等内容;对于涉及建筑节能、环保、绿色建筑、人防等设计的专业,其设计说明应有相应的专门内容。

2 总平面图以及相关建筑设计图纸和户型室内设计平面图纸。

3 设计委托或设计合同中规定的透视图、鸟瞰图、必要的室内效果图、模型等。

3.1.2 方案设计文件的编排顺序

1 封面:写明项目名称、编制单位、编制年月。

2 扉页:写明编制单位法定代表人、技术总负责人、项目总负责人及各专业负责人的姓名,并经上述人员签署或授权盖章;当设计单位为联合体时,应写明各设计单位的法定代表人、技术总负责人、项目总负责人及各专业负责人的姓名,并经上述人员签署或授权盖章。

3 设计文件目录。

4 设计说明书。

5 设计图纸。

3.1.3 装配式建筑技术策划文件

1 技术策划报告,包括技术策划依据和要求、标准化设计要求、建筑结构体系、建筑围护系统、建筑内装体系、设备管线等内容。

2 技术配置表,装配式结构技术选用及技术要点。

3 经济性评估,包括项目规模、成本、质量、效率等内容。

4 预制构件生产策划,包括构件厂选择、构件制作及运输方案,经济性评估等。

3.2 设计说明书

3.2.1 设计依据、设计要求及主要技术经济指标

1 与工程设计有关的依据性文件的名称和文号,如选址及环境评价报告、用地红线图、项目的可行性研究报告、政府有关主管部门对立项报告的批文、设计任务书或协议书等。

2 设计所执行的主要法规和所采用的主要标准(包括标准的名称、编号、年号和版本号)。

3 设计基础资料,如气象、地形地貌、水文地质、抗震设防烈度、区域位置等。

4 简述政府有关主管部门对项目设计的要求,如对总平面布置、环境协调、建筑风格及成品住宅等方面的要求。当城市规划等部门对建筑高度有限制时,应说明建筑物、构筑物的控制高度(包括最高、最低高度限值)。

5 简述建设单位委托设计的内容和范围,包括功能项目和设备设施的配套情况。

6 工程规模(如总建筑面积、总投资、容纳人数等)、项目设计规模等级和设计标准(包括结构的设计使用年限、建筑防火类别、耐火等级、内装标准等)。

7 主要技术经济指标,如总用地面积、总建筑面积及各分项建筑面积(还要分别列出地上部分和地下部分建筑面积)、建筑基底总面积、绿地总面积、容积率、建筑密度、绿地率、停车泊位数

（分室内、室外和地上、地下），以及主要建筑或核心建筑的层数、层高和总高度等各项指标；成品住宅的套型、总套数及每套的建筑面积、使用面积。

3.2.2 总平面设计说明

1 概述场地区位、现状特点和周边环境情况及地质地貌特征，详尽阐述总体方案的构思意图和布局特点，以及在竖向设计、交通组织、防火设计、景观绿化、环境保护等方面所采取的具体措施。

2 说明关于一次规划、分期建设，以及原有建筑和古树名木保留、利用、改造（改建）方面的总体设想。说明成品住宅的设计情况。

3.2.3 建筑设计说明

1 建筑方案的设计构思和特点。

2 建筑与城市空间关系、建筑群体和单体的空间处理、平面和剖面关系、立面造型和环境营造、环境分析（如日照、通风、采光）、立面主要材质色彩等。

3 建筑的功能布局和内部交通组织，包括各种出入口，楼梯、电梯、自动扶梯等垂直交通运输设施的布置。

4 建筑防火设计，包括总体消防、建筑单体的防火分区、安全疏散等设计原则。

5 成品住宅的设计范围和内容。

6 成品住宅无障碍设计简要说明。

7 人防地下室等方面有特殊要求时，应做相应说明。

8 建筑节能设计说明

1) 设计依据；

2) 项目所在地的气候分区及建筑分类；

3) 概述建筑节能设计及围护结构节能措施。

9 当项目按绿色建筑要求建设时，应有绿色建筑设计说明

1)设计依据;

2)项目绿色建筑设计的目标和定位;

3)概述绿色设计的主要策略。

10 当项目按装配式建筑要求建设时,应有装配式建筑设计说明

1)设计依据;

2)项目装配式建筑设计的目标和定位;

3)概述装配式建筑设计的主要技术措施。

3.2.4 室内设计说明

1 室内设计的构思和风格定位。

2 户型空间的动线、功能分析。

3 成品住宅的主要空间说明及定位。

4 成品住宅的设计面积、主要用材、投资估算说明。

3.2.5 结构设计说明

1 工程概况

1)工程地点,工程周边环境,工程分区,主要功能;

2)各单体(或分区)建筑的长、宽、高,地上与地下层数,各层层高,主要结构跨度,特殊结构及造型等。

2 设计依据

1)主体结构设计使用年限;

2)自然条件:风荷载、雪荷载、抗震设防烈度等,有条件时简述工程地质概况;

3)建设单位提出的与结构有关的符合有关法规、标准的书面要求;

4)本专业设计所执行的主要法规和所采用的主要标准(包括标准的名称、编号、年号和版本号)、场地岩土工程初勘报告。

3 建筑分类等级:建筑结构安全等级、建筑抗震设防类别、主要结构的抗震等级、地下室防水等级、人防地下室的抗力等级,有

条件时说明地基基础的设计等级。

4 上部结构及地下室结构方案

1)结构缝(伸缩缝、沉降缝和防震缝)的设置;

2)上部及地下室结构选型概述,上部及地下室结构布置说明(必要时附简图或结构方案比选);

3)阐述设计中拟采用的新结构、新材料及新工艺等,简要说明关键技术问题的解决方法,包括分析方法(必要时说明拟采用的进行结构分析的软件名称)及构造措施或试验方法;

4)特殊结构宜进行方案可行性论述。

5 基础方案

有条件时阐述基础选型及持力层,必要时说明对相邻既有建筑物的影响等。

6 主要结构材料

混凝土强度等级、钢筋种类、钢绞线或高强钢丝种类、钢材牌号、砌体材料、其他特殊材料或产品(如成品拉索、铸钢件、成品支座、消能或减震产品等)的说明等。

7 需要特别说明的其他问题

如是否需进行风洞试验、振动台试验、节点试验等。对需要进行抗震设防专项审查或其他需要进行专项论证的项目应明确说明。

8 当项目按绿色建筑要求建设时,说明绿色建筑设计目标,采用的与结构有关的绿色建筑技术和措施。

9 当项目按装配式建筑要求建设时,设计说明应有装配式结构设计专门内容。

3.2.6 建筑电气设计说明

1 工程概况。

2 本工程拟设置的建筑电气系统。

3 变、配、发电系统

1)负荷级别以及总负荷估算容量。

2)电源,城市电网拟提供电源的电压等级、回路数、容量。

3)拟设置的变、配、发电站数量和位置设置原则。

4)确定备用电源和应急电源的型式、电压等级、容量。

4　智能化设计

1)智能化各系统配置内容;

2)智能化各系统对城市公用设施的需求;

3)智能化各系统户内网络设计要求。

5　电气节能及环保措施。

6　绿色建筑电气设计。

7　建筑电气专项设计。

8　当项目按装配式建筑要求建设时,电气设计说明应有装配式设计专门内容。

3.2.7　给水排水设计说明

1　工程概况。

2　本工程设置的建筑给水排水系统。

3　给水

1)水源情况简述(包括自备水源及城镇给水管网);

2)给水系统:简述系统供水方式,估算总用水量(最高日用水量、最大时用水量);

3)热水系统:简述热源、供应范围及系统供应方式,集中热水系统应估算耗热量(设计小时耗热量和设计小时热水量);

4)中水系统:简述设计依据及用途;

5)循环冷却水系统、重复用水系统及采取的其他节水、节能减排措施;

6)管道直饮水系统:简述设计依据、处理方法等;

7)其他给水系统(如非传统水源)的简介。

4 消防

1)消防水源情况简述(城镇给水管网、自备水源等);

2)消防系统:简述消防系统种类,水消防系统供水方式,消防水箱、水池等容积,消防泵房的设置等;

3)消防用水量(设计流量、一次灭火用水量、火灾延续时间);

4)其他灭火系统、设施的设计要求等。

5 排水

1)排水体制(室内污、废水排水的合流或分流,室外生活排水和雨水的合流或分流),污、废水及雨水的排放出路;

2)给出雨水系统重现期等主要设计参数,估算污、废水排水量、雨水量等;

3)生活排水、雨水系统设计说明,雨水控制与综合利用设计说明;

4)污、废水的处理方法。

6 当项目按绿色建筑要求建设时,说明绿色建筑设计目标、采用的绿色建筑技术和措施。

7 当项目按装配式建筑要求建设时,给水排水设计说明应有装配式设计专门内容。

8 需要专项设计(包括二次设计)的系统。

9 需要说明的其他问题。

3.2.8 供暖通风与空气调节设计说明。

1 工程概况及供暖通风和空气调节设计范围。

2 供暖、空气调节的室内外设计参数及设计标准。

3 冷、热负荷的估算数据。

4 供暖热源的选择及其参数。

5 空气调节的冷源、热源选择及其参数。

6 供暖、空气调节的系统形式,简述控制方式。

7 通风系统简述。

8　防排烟系统及暖通空调系统的防火措施简述。

9　节能设计要点。

10　当项目按绿色建筑要求建设时，说明绿色建筑设计目标，采用的绿色建筑技术和措施。

11　当项目按装配式建筑要求建设时，供暖通风与空气调节设计说明应有装配式设计专门内容。

12　废气排放处理和降噪、减振等环保措施。

13　需要说明的其他问题。

3.2.9　燃气与热力设计说明

1　燃气

1）资源条件；

2）燃气组分及主要物理参数；

3）用气规模预测；

4）设施布局；

5）燃气管道的布置及敷设方式。

2　热力

1）资源条件；

2）热工参数；

3）负荷预测；

4）设施布局；

5）热力管道的布置及敷设方式；

6）系统补水、给水、供水。

3　节能、环保、消防及安全措施。

4　当项目按绿色建筑要求建设时，说明绿色建筑设计目标，采用的主要绿色建筑技术和措施。

5　需要说明的其他问题。

3.2.10　投资估算文件一般由编制说明、总投资估算表、单项工程综合估算表、主要技术经济指标等内容组成。

1　投资估算编制说明

1)项目概况;

2)编制依据;

3)编制方法;

4)编制范围(包括和不包括的工程项目与费用);

5)其他必要说明的问题。

2　总投资估算表

总投资估算表由工程费用、工程建设其他费用、预备费、建设期利息、铺底流动资金、固定资产投资方向调节税等组成。

工程建设其他费用、预备费、建设期利息、铺底流动资金、固定资产投资方向调节税编制内容可参照第4.11节有关概算文件的规定。

3　单项工程综合估算表

单项工程综合估算表,由各单项工程的建筑工程(含内装工程)、机电设备及安装工程、室外总体工程等专业的单位工程费用估算内容组成。

编制内容可参照第4.11节和第5.10节有关建筑工程概、预算文件的规定。

采用装配式建造的建筑应根据各地发布的装配式建筑定额进行编制。

3.3　设计图纸

3.3.1　总平面设计图纸

1　场地的区域位置。

2　场地的范围(用地和建筑物各角点的坐标或定位尺寸)。

3　场地内及四邻环境的反映(四邻原有及规划的城市道路和建筑物、用地性质或建筑性质、层数等,场地内需保留的建筑物、构筑物、古树名木、历史文化遗存、现有地形与标高、水体、不良地质情况等）。

4 场地内拟建道路、停车场、广场、绿地及建筑物的布置，并表示出主要建筑物、构筑物与各类控制线（用地红线、道路红线、建筑控制线等）、相邻建筑物之间的距离及建筑物总尺寸，基地出入口与城市道路交叉口之间的距离。

5 拟建主要建筑物的名称、出入口位置、层数、建筑高度、设计标高，以及主要道路、广场的控制标高。

6 指北针或风玫瑰图、比例。

7 根据需要绘制下列反映方案特性的分析图

功能分区、空间组合及景观分析、交通分析（人流及车流的组织、停车场的布置及停车泊位数量等）、消防分析、地形分析、竖向设计分析、绿地布置、日照分析、分期建设等。

3.3.2 建筑设计图纸

1 平面图

1）平面的总尺寸、开间、进深尺寸及结构受力体系中的柱网、承重墙位置和尺寸（也可用比例尺表示）；

2）各主要使用房间的名称；

3）各层楼地面标高、屋面标高；

4）室内停车库的停车位和行车线路；

5）首层平面图应标明剖切线位置和编号，并应标示指北针；

6）应根据室内设计方案，绘制主要用房的室内平面布置图；

7）图纸名称、比例或比例尺。

2 立面图

1）体现建筑造型的特点，选择绘制有代表性的立面；

2）各主要部位和最高点的标高、主体建筑的总高度；

3）当与相邻建筑（或原有建筑）有直接关系时，应绘制相邻或原有建筑的局部立面图；

4）图纸名称、比例或比例尺。

3 剖面图

1)剖面应剖在高度和层数不同、空间关系比较复杂的部位；

2)各层标高及室外地面标高,建筑的总高度；

3)当遇有高度控制时,标明建筑最高点的标高；

4)剖面编号、比例或比例尺。

4 当项目按绿色建筑要求建设时,以上有关图纸应示意对应的绿色建筑设计内容。

5 当项目按装配式建筑要求建设时,以上有关图纸应表达装配式建筑设计有关内容(如平面中应表达装配技术使用部位、范围及采用的材料与构造方法,预制墙板的组合关系,预制墙板组合图、叠合楼板组合图等)。

3.3.3 室内设计图纸

1 平面图(包含住宅套内和公共部位)

1)室内平面布置图应包含各功能空间的内装构造尺寸；

2)室内各房间动线、动静分区及部品家具尺寸图；

3)必要时绘制主要用房的放大平面和室内布置。

2 天花图:套型各房间天花布置图。

3 主要空间设计方案效果图。

4 初步设计

4.1 一般要求

4.1.1 初步设计文件

1 设计说明书，包括设计总说明、各专业设计说明。对于涉及建筑节能、环保、绿色建筑、人防等，其设计说明应有相应的专项内容。

2 有关专业的设计图纸。

3 主要设备或材料表。

4 工程概算书。

5 有关专业计算书（计算书不属于必须交付的设计文件，但应按本规定相关条款的要求编制）。

4.1.2 初步设计文件的编排顺序

1 封面：写明项目名称、编制单位、编制年月。

2 扉页：写明编制单位法定代表人、技术总负责人、项目总负责人和各专业负责人的姓名（联合设计时分别写明建筑设计单位和室内设计单位法定代表人、技术总负责人、各专业负责人的姓名），并经上述人员签署或授权盖章。

3 设计文件目录。

4 设计说明书。

5 设计图纸（可单独成册）。

6 概算书（应单独成册）。

4.2 设计总说明

4.2.1 工程设计依据

1 政府有关主管部门的批文，如该项目的可行性研究报告、工程立项报告、方案设计文件等审批文件的文号和名称。

2 设计所执行的主要法规和所采用的主要标准（包括标准的名称、编号、年号和版本号）。

3 工程所在地区的气象、地理条件和建设场地的工程地质条件。

4 公用设施和交通运输条件。

5 规划、用地、成品住宅、环保、卫生、绿化、消防、人防、抗震等要求和依据资料。

6 建设单位提供的有关使用要求或内装材料要求等资料。

4.2.2 工程建设的规模和设计范围

1 工程的设计规模及项目组成。

2 分期建设的情况。

3 承担的设计范围与分工。

4.2.3 总指标

1 总用地面积、总建筑面积和反映建筑功能规模的技术指标。

2 其他有关的技术经济指标。

4.2.4 设计要点综述

1 简述各专业的设计特点和系统组成，采用新技术、新材料、新设备和新结构的情况。

2 当项目按装配式建筑要求建设时，简述采用的装配式建筑技术要点。

4.2.5 提请在设计审批时需解决或确定的主要问题

1 有关城市规划、红线、拆迁和水、电、蒸汽或高温水、燃料及充电桩等供应的协作问题。

2 总建筑面积、总概算（投资）存在的问题。

3 设计选用标准方面的问题。

4 主要设计基础资料和施工条件落实情况等影响设计进度的因素。

5 明确需要进行专项研究的内容。

注：总说明中已叙述的内容，在各专业说明中可不再重复。

4.3 总平面

4.3.1 在初步设计阶段，总平面专业的设计文件应包括设计说明书、设计图纸。

4.3.2 设计说明书

1 设计依据及基础资料

1）摘述方案设计依据资料及批示中与本专业有关的主要内容；

2）有关主管部门对本工程批示的规划许可技术条件（用地性质、道路红线、建筑控制线、城市绿线、用地红线、建筑物控制高度、建筑退让各类控制线距离、容积率、建筑密度、绿地率、成品住宅、日照标准、高压走廊、出入口位置、停车泊位数等），以及对总平面布局、周围环境、空间处理、交通组织、环境保护、文物保护、分期建设等方面的特殊要求；

3）本工程地形图编制单位、日期，采用的坐标、高程系统；

4）凡设计总说明中已阐述的内容可从略。

2 场地概述

1）说明场地所在地的名称及在城市中的位置（落实到乡镇区一级）（简述周围自然与人文环境、道路、市政基础设施与公共服务设施配套和供应情况，以及四邻原有和规划的重要建筑物与构筑物）；

2)概述场地地形地貌(如山丘范围、高度,水域的位置、流向、水深,最高、最低标高,总坡向,最大坡度和一般坡度等地貌特征);

3)描述场地内原有建筑物、构筑物,以及保留(包括名木、古迹、地形、植被等)、拆除的情况;

4)摘述与总平面设计有关的不利自然因素,如地震、湿陷性或胀缩性土、地裂缝、岩溶、滑坡、地下水位标高与其他地质灾害。

3 总平面布置

1)说明总平面设计构思及指导思想,说明如何结合自然环境和地域文脉,综合考虑地形、地质、日照、通风、防火、卫生、交通及环境保护等要求进行总体布局,使其满足使用功能、城市规划要求以及技术安全、经济合理性、节能、节地、节水、节材等要求;

2)说明功能分区、远近期结合、预留发展用地的设想;

3)说明建筑空间组织及其与四周环境的关系;

4)说明环境景观和绿地布置及其功能性、观赏性等;

5)说明无障碍设施的布置。

4 竖向设计

1)说明竖向设计的依据(如城市道路和管道的标高、地形、排水、最高洪水位、最高潮水位、土方平衡等情况)。

2)说明如何利用地形,综合考虑功能、安全、景观、排水等要求进行竖向布置;说明竖向布置方式(平坡式或台阶式)、地表雨水的收集利用及排除方式(明沟或暗管)等;如采用明沟系统,还应阐述其排放地点的地形与高程等情况。

3)根据需要注明初平土石方工程量。

4)防灾措施,如针对洪水、内涝、滑坡及特殊工程地质(湿陷性或膨胀性土)等的技术措施。

5 交通组织

1)说明与城市道路的关系;

2)说明基地人流和车流的组织、路网结构、出入口、停车场

(库)的布置及停车数量的确定;

3)消防车道及高层建筑消防扑救场地的布置;

4)说明道路主要的设计技术条件(如主干道和次干道的路面宽度、路面类型、最大及最小纵坡等)。

6 主要技术经济指标表(见表4.3.2.6)。

表4.3.2.6 民用建筑主要技术经济指标表

序号	名称	单位	数量	备注
1	总用地面积	hm^2		
2	总建筑面积	m^2		地上、地下部分应分列,不同功能性质部分应分列
3	成品住宅建筑面积	m^2		
4	建筑基底总面积	hm^2		
5	道路广场总面积	hm^2		含停车场面积
6	绿地总面积	hm^2		可加注公共绿地面积
7	容积率			(2)/(1)
8	建筑密度	%		(3)/(1)
9	绿地率	%		(5)/(1)
10	机动车停车泊位数	辆		室内外应分列
11	非机动车停放数量	辆		

注:1. 当工程项目(如城市居住区)有相应的规划设计规范时,技术经济指标的内容应按其执行;

2. 计算容积率时,通常不包括±0.00以下地下建筑面积。

7 室外工程主要材料。

4.3.3 设计图纸

1 区域位置图(根据需要绘制)。

2 总平面图

1)保留的地形和地物;

2)测量坐标网、坐标值,场地范围的测量坐标(或定位尺寸),道路红线、建筑控制线、用地红线;

3)场地四邻原有及规划的道路、绿化带等的位置(主要坐标或定位尺寸)和主要建筑物及构筑物的位置、名称、层数、间距;

4)建筑物、构筑物的位置(人防工程、地下车库、油库、贮水池等隐蔽工程用虚线表示)与各类控制线的距离,其中主要建筑物、构筑物应标注坐标(或定位尺寸)、与相邻建筑物之间的距离及建筑物总尺寸、名称(或编号)、层数;

5)道路、广场的主要坐标(或定位尺寸),停车场及停车位、消防车道及高层建筑消防扑救场地的布置,必要时加绘交通流线示意;

6)绿化、景观及休闲设施的布置示意,并表示出护坡、挡土墙、排水沟等;

7)指北针或风玫瑰图;

8)主要技术经济指标表(见表4.3.2.6);

9)说明栏内注写尺寸单位,比例,地形图的测绘单位、日期,坐标及高程系统名称(如为场地建筑坐标网,应说明其与测量坐标网的换算关系),补充图例及其他必要的说明等。

3　竖向布置图

1)场地范围的测量坐标值(或注尺寸);

2)场地四邻的道路、地面、水面及其关键性标高(如道路出入口);

3)保留的地形、地物;

4)建筑物、构筑物的位置名称(或编号),主要建筑物和构筑物的室内外设计标高、层数,有严格限制的建筑物、构筑物高度;

5)主要道路、广场的起点、变坡点、转折点和终点的设计标高,以及场地的控制性标高;

6)用箭头或等高线表示地面坡向,并表示出护坡、挡土墙、排水沟等;

7)指北针;

8)注明尺寸单位、比例、补充图例。

4 根据项目实际情况可增加绘制交通、日照、土方图等,也可图纸合并。

4.4 建 筑

4.4.1 在初步设计阶段建筑专业设计文件应包括设计说明书和设计图纸。

4.4.2 设计说明书

1 设计依据

1)摘述设计任务书和其他依据性资料中与建筑专业有关的主要内容;

2)设计所执行的主要法规和所采用的主要标准(包括标准的名称、编号、年号和版本号);

3)项目批复文件、审查意见等的名称和文号。

2 设计概述

1)表述建筑的主要特征,如建筑总面积、建筑占地面积、建筑层数和总高、建筑防火类别、耐火等级、设计使用年限、地震基本烈度、主要结构选型、成品住宅的标准和建筑面积、人防类别、面积和防护等级、地下室防水等级、屋面防水等级等;

2)概述建筑物使用功能和成品住宅相关要求;

3)简述建筑的功能分区、平面布局、立面造型及与周围环境的关系;

4)简述建筑的交通组织、垂直交通设施(楼梯、电梯、自动扶梯)的布局,以及所采用的电梯、自动扶梯的功能、数量、吨位和速度等参数;

5）建筑防火设计，包括总体消防、建筑单体的防火分区、安全疏散、疏散宽度计算和防火构造等；

6）无障碍设计，包括基地总体上、建筑单体内的各种无障碍设施要求等；

7）人防设计，包括人防面积、设置部位、人防类别、防护等级、防护单元数量等；

8）成品住宅设计，包括成品住宅的规模、标准、建筑模数标准、内装套餐设置说明，建筑与内装交接面说明及其他需要说明的措施；

9）当建筑在声学、光学、建筑安全防护与维护、电磁波屏蔽等方面有特殊要求时所采取的特殊技术措施；

10）主要的技术经济指标包括能反映建筑工程规模的总建筑面积以及诸如住宅的套型和套数、车库的停车位数量等；

11）简述建筑的外立面用料及色彩、屋面构造及用料、室内设计使用的主要或特殊建筑材料；

12）对具有特殊防护要求的门窗做必要的说明。

3　多子项工程中的简单子项可用建筑项目主要特征表（见表4.4.2.3）做综合说明。

4　对需分期建设的工程，说明分期建设内容和对续建、扩建的设想及相关措施。

5　幕墙工程和金属、玻璃和膜结构等特殊屋面工程（说明节能、抗风压、气密性、水密性、防水、防火、防护、隔声的设计要求、饰面材质色彩、涂层等主要的技术要求）及其他需要专项设计、制作的工程内容的必要说明。

6　需提请审批时解决的问题或确定的事项以及其他需要说明的问题。

表 4.4.2.3　建筑项目主要特征表

<table>
<tr><th colspan="2">项目名称</th><th></th><th>备注</th></tr>
<tr><td colspan="2">编号</td><td></td><td></td></tr>
<tr><td colspan="2">建筑总面积</td><td></td><td>地上、地下另外分列</td></tr>
<tr><td colspan="2">建筑占地面积</td><td></td><td></td></tr>
<tr><td colspan="2">建筑层数、总高</td><td></td><td>地上、地下分列</td></tr>
<tr><td colspan="2">建筑防火类别</td><td></td><td></td></tr>
<tr><td colspan="2">耐火等级</td><td></td><td></td></tr>
<tr><td colspan="2">设计使用年限</td><td></td><td></td></tr>
<tr><td colspan="2">地震基本烈度</td><td></td><td></td></tr>
<tr><td colspan="2">主要结构选型</td><td></td><td></td></tr>
<tr><td colspan="2">成品住宅</td><td></td><td>说明设计标准等要求</td></tr>
<tr><td colspan="2">人防类别和防护等级</td><td></td><td>说明平、战时功能</td></tr>
<tr><td colspan="2">地下室防水等级</td><td></td><td></td></tr>
<tr><td colspan="2">屋面防水等级</td><td></td><td></td></tr>
<tr><td rowspan="10">建筑构造及内装</td><td>墙体</td><td></td><td>说明土建及内装施工分界</td></tr>
<tr><td>地面</td><td></td><td>说明土建及内装施工分界</td></tr>
<tr><td>楼面</td><td></td><td>说明土建及内装施工分界</td></tr>
<tr><td>屋面</td><td></td><td></td></tr>
<tr><td>天窗</td><td></td><td>说明土建及内装施工分界</td></tr>
<tr><td>门</td><td></td><td>说明土建及内装施工分界</td></tr>
<tr><td>窗</td><td></td><td>说明土建及内装施工分界</td></tr>
<tr><td>顶棚</td><td></td><td>说明土建及内装施工分界</td></tr>
<tr><td>内墙面</td><td></td><td>说明土建及内装施工分界</td></tr>
<tr><td>外墙面</td><td></td><td></td></tr>
</table>

注：建筑构造及内装项目可随工程内容增减。

7　建筑节能设计说明

1)设计依据；

2)项目所在地的气候分区、建筑分类及围护结构的热工性能限值；

3)简述建筑的节能设计，确定体型系数（按不同气候区要求）、窗墙比、屋顶透光部分比等主要参数，明确屋面、外墙（非透光幕墙）、外窗（透光幕墙）等围护结构的热工性能及节能构造措施。

8　当项目按绿色建筑要求建设时，应有绿色建筑设计说明

1)设计依据；

2)绿色建筑设计的目标和定位；

3)评价与建筑专业相关的绿色建筑技术选项及相应的指标、做法说明；

4)简述相关绿色建筑设计的技术措施。

9　当项目按装配式建筑要求建设时，应有装配式建筑设计和内装专项说明

1)设计依据；

2)装配式建筑设计的项目特点和定位；

3)装配式建筑评价与建筑专业相关的装配式建筑技术选项；

4)简述相关装配式建筑设计相关的技术措施。

4.4.3　设计图纸

1　平面图

1)标明承重结构的轴线、轴线编号、定位尺寸和总尺寸，注明各空间的名称和门窗编号，住宅标注套型内卧室、起居室（厅）、厨房、卫生间等空间的使用面积。

2)绘出主要结构和建筑构配件，如非承重墙、壁柱、门窗（幕墙）、天窗、楼梯、电梯、自动扶梯、中庭（及其上空）、夹层、平台、阳台、雨篷、台阶、坡道、散水明沟等的位置；当围护结构为幕墙时，应

标明幕墙与主体结构的定位关系。

3)按照室内设计表示主要建筑设备的位置,如水池、卫生器具等与设备专业有关的设备的位置。

4)表示建筑平面或空间的防火分区和面积以及安全疏散的内容,宜单独成图。

5)标明室内外地面设计标高及地上、地下各层楼地面标高。

6)首层平面标注剖切线位置、编号及指北针。

7)绘出有特殊要求或标准的厅、室的室内布置,如家具的布置等,成品住宅按照室内设计绘制套内家具和部品的布置,如橱柜、储物柜、电视柜、沙发、床、写字台、书柜、餐桌等;也可根据需要选择绘制标准层、标准单元或标准间的放大平面图及室内布置图。

8)图纸名称、比例。

2　立面图

应选择绘制主要立面,立面图上应标明:

1)两端的轴线和编号;

2)立面外轮廓及主要结构和建筑部件的可见部分,如门窗(消防救援窗)、幕墙、雨篷、檐口(女儿墙)、屋顶、平台、栏杆、坡道、台阶和主要装饰线脚等;

3)平、剖面图未能表示的屋顶、屋顶高耸物、檐口(女儿墙)、室外地面等处的主要标高或高度;

4)主要可见部位的饰面用料;

5)图纸名称、比例。

3　剖面图

剖面应剖在层高和层数不同、内外空间比较复杂的部位(如中庭与邻近的楼层或错层部位),剖面图应准确、清楚地绘示出剖到或看到的各相关部分内容,并应表示:

1)主要内、外承重墙、柱的轴线,轴线编号;

2)主要结构和建筑构造部件,如地面、楼板、屋顶、檐口(女儿墙）、吊顶、梁、柱、内外门窗、天窗、楼梯、电梯、平台、雨篷、阳台、地沟、地坑、台阶、坡道等；

3）各层楼地面和室外标高，以及建筑的总高度、各楼层之间尺寸及其他必需的尺寸等；

4）图纸名称、比例。

4 根据需要绘制局部的平面放大图或节点详图。

5 对于贴邻的原有建筑，应绘出其局部的平、立、剖面图。

6 当项目按绿色建筑要求建设时，以上有关图纸应表示相关绿色建筑设计技术的内容。

7 当项目按装配式建筑要求建设时，设计图纸应表示采用装配式建筑设计技术的内容，如在平面图中用不同图例注明采用预制构件（柱、剪力墙、围护墙体、凸窗等）的位置，在立面图中给出预制构件板块的立面示意及拼缝的位置；表达预制外墙防水、保温、隔声、防火的典型构造大样和建筑构筑配件安装，以及卫生间等有水房间的地板、墙体防水节点大样等。

4.5 室内设计

4.5.1 初步设计阶段室内设计专业设计文件应包括设计说明和设计图纸。

4.5.2 室内设计说明

1 室内设计理念阐述。

2 成品住宅户型统计。

3 设计说明：包括必要的内装施工工艺说明。

4 主要机电设备和部品材料表（规格、型号、颜色、质地、性能要求、防火等级以及其他技术说明）。

4.5.3 设计图纸

1 平面

1）成品住宅户型索引图；

2）室内平面布置图

①右上角要有户型所在单元楼的位置索引；

②室内各功能空间的内装构造尺寸；

③室内各房间主要功能布局、名称和使用面积；

④室内各房间动线、动静分区及部品家具尺寸图；

⑤表示主要室内设备的位置，如水池、卫生器具等与设备专业有关的设备的定位位置；

⑥图纸名称、比例或比例尺；

⑦指北针；

⑧说明栏内注写尺寸单位、比例、单位、日期、图纸编号；

⑨室内门窗编号和门窗表。

3）必要时绘制主要用房的放大平面和室内布置。

4）室内索引图

室内平面图上应标明立面索引图号。

5）地面铺装图

应反映套内各房间地面的材料、做法、尺寸和标高。

6）建筑设备平面布置图

①电气设备定位；

②套内给水排水点位定位；

③通风空调设备、管道及风口定位；

④地暖分集水器定位；

⑤燃气管道及接口定位。

2　天花

1）照明布置图

应包含室内各房间天花材料、造型、灯具，并标注尺寸及标高。

2）照明与部品关系图

室内各房间灯具与家具部品、饰品的对应关系图。

3)综合天花图

应包含天花造型、灯具、感烟探测器、喷头、风口、检修口等设施,并确定其在天花中位置和标高。

3　立面

建筑设备立面图

1)电气设备定位;

2)套内给水排水点位定位;

3)通风空调设备、管道及风口定位;

4)地暖分集水器定位;

5)燃气管道及接口定位。

4.6　结　构

4.6.1　在初步设计阶段,结构专业设计文件应有设计说明书、结构布置图和计算书。

4.6.2　设计说明书

1　工程概况

1)工程地点、工程周边环境、工程分区、主要功能;

2)各单体(或分区)建筑的长、宽、高,地上与地下层数,各层层高,主要结构跨度,特殊结构及造型等。

2　设计依据

1)主体结构设计使用年限;

2)自然条件:基本风压、冻土深度、基本雪压、气温(必要时提供)、抗震设防烈度(包括地震加速度值)等;

3)工程地质勘察报告或可靠的地质参考资料;

4)场地地震安全性评价报告(必要时提供);

5)风洞试验报告(必要时提供);

6)建设单位提出的与结构有关的符合有关标准、法规的书面要求;

7）批准的上一阶段的设计文件；

8）本专业设计所执行的主要法规和所采用的主要标准（包括标准的名称、编号、年号和版本号）。

3　建筑分类等级

应说明下列建筑分类等级及所依据的规范或批文：

1）建筑结构安全等级；

2）地基基础设计等级；

3）建筑桩基设计等级；

4）建筑抗震设防类别；

5）主体结构类型及抗震等级；

6）地下室防水等级；

7）人防地下室的设计类别、防常规武器抗力级别和防核武器抗力级别；

8）建筑防火分类等级和耐火等级；

9）湿陷性黄土场地建筑物分类；

10）混凝土构件的环境类别。

4　主要荷载（作用）取值

1）楼（屋）面活荷载、特殊设备荷载；

2）风荷载（包括地面粗糙度、有条件时说明体型系数、风振系数等）；

3）雪荷载（必要时提供积雪分布系数等）；

4）地震作用（包括设计基本地震加速度、设计地震分组、场地类别、场地特征周期、结构阻尼比、水平地震影响系数最大值等）；

5）温度作用及地下室水浮力的有关设计参数；

6）特殊的荷载（作用）工况组合，包括分项系数及组合系数；

7）较重的家具、设备自重取值或限值。

5　上部及地下室结构设计

1）结构缝（伸缩缝、沉降缝和防震缝）的设置；

2)上部及地下室结构选型及结构布置说明,对于复杂结构,应根据有关规定判定是否为超限工程;

3)关键技术问题的解决方法,特殊技术的说明,结构重要节点、支座的说明或简图;

4)有抗浮要求的地下室应明确抗浮措施;

5)结构特殊施工措施、施工要求及其他需要说明的内容。

6 地基基础设计

1)工程地质和水文地质概况,应包括各主要土层的压缩模量和承载力特征值(或桩基设计参数),地基液化判别,地基土冻胀性和融陷情况,湿陷性黄土地基湿陷登记和类型,膨胀土地基的膨缩等级,抗浮设防水位特殊地质条件(如溶洞)等说明,土及地下水对钢筋、钢材和混凝土的腐蚀性。

2)基础选型说明。

3)采用天然地基时应说明基础埋置深度和持力层情况;采用桩基时,应说明桩的类型、桩端持力层及进入持力层的深度、承台埋深;采用地基处理时,应说明地基处理要求。

4)关键技术问题的解决方法。

5)必要时应说明对既有建筑物、构筑物、市政设施和道路等的影响和保护措施。

6)施工特殊要求及其他需要说明的内容。

7 结构分析

1)采用的结构分析程序名称、版本号、编制单位,复杂结构或重要建筑应至少采用两种不同的计算程序。

2)结构分析所采用的计算模型、整体计算嵌固部位,结构分析输入的主要参数,必要时附计算模型简图。

3)列出主要控制性计算结果,可以采用图表方式表示;对计算结果进行必要的分析和说明,并根据有关规定进行结构超限情况判定。

4）内装采用两种及两种以上套餐时，结构应分别复核，并进行必要的分析说明。

8　主要结构材料

混凝土强度等级、钢筋种类、砌体强度等级、砂浆强度等级、钢绞线或高强钢丝种类、钢材牌号、预制构件连接材料、密封材料、特殊材料等。特殊材料或产品（如成品拉索、锚具、铸钢件、成品支座、消能减震器、高强螺栓等）的说明等。

9　其他需要说明的内容

1）必要时应提出的试验要求，如风洞试验、振动台试验、节点试验等；

2）进一步的地质勘察要求、试桩要求等；

3）尚需建设单位进一步明确的要求；

4）对需要进行抗震设防专项审查和其他专项论证的项目应明确说明；

5）提请在设计审批时需解决或确定的主要问题。

10　当项目按绿色建筑要求建设时，应有绿色建筑设计说明：

1）绿色建筑设计目标；

2）按设计星级所有控制项、评分项及加分项的要求，阐述采用的各项措施。

11　当项目按装配式建筑要求建设时，应增加以下内容：

1）装配式建筑结构设计目标及结构技术总述。

2）预制构件分布情况说明；预制构件技术相关说明，包括预制构件混凝土强度等级、钢筋种类、钢筋保护层等；结构典型连接方式（包括结构受力构件和非受力构件等连接）；施工、吊装、临时支撑等特殊要求及其他需要说明的内容等。

3）对预制构件脱模、翻转等要求。

4.6.3　设计图纸

1　基础平面图及主要基础构件的截面尺寸。

2 主要楼层结构平面布置图,注明主要的定位尺寸、主要构件的截面尺寸;结构平面图不能表示清楚的结构或构件,可采用立面图、剖面图、轴测图等方法表示。

3 结构主要或关键性节点、支座示意图。

4 伸缩缝、沉降缝、防震缝、施工后浇带的位置和宽度应在相应平面图中表示。

4.6.4 建筑结构工程超限设计可行性论证报告

1 工程概况、设计依据、建筑分类等级、主要荷载(作用)取值、结构选型、布置和材料。

2 结构超限类型和程度判别。

3 抗震性能目标:明确抗震性能等级,确定关键构件、普通构件和耗能构件,提出各类构件对应的性能水准;确定结构在多遇地震(小震)、设防烈度地震(中震)和罕遇地震(大震)下的层间位移角限值;应列表表示各类构件在小震、中震和大震下的具体性能水准。

4 有性能设计时,明确结构限值指标:对与有关规范限值不一致的取值应加以说明。

5 结构计算文件:应包括结构分析程序名称、版本号、编制单位;结构分析所采用的计算模型(包括楼板假定)、整体计算嵌固部位、结构分析输入的主要参数等;应有对应结构限值指标的各种计算结果,计算结果宜以曲线或表格形式表达。

6 静力弹性分析:应给出两种不同软件的扭转耦联振型分解反应谱法的主要控制性结果;采用等效弹性法进行中、大震结构分析时,应明确对应的等效阻尼比、特征周期、连梁刚度折减系数、分项系数、内力调整系数等。

7 弹性时程分析:给出输入的双向或三向地震波时程记录、峰值加速度、天然波站台名称,并应将地震波转换成反应谱与规范反应谱进行比较;计算结果应整理成曲线,同时应将弹性时程分析结果与扭转耦联振型分解反应谱法结果进行对比分析,并按规范规定确认其合理性和有效性。

8 静力弹塑性分析:应说明分析方法、加载模式、塑性铰定义,给出能力谱和需求谱及性能点,给出中、大震下的等效阻尼比、层间位移角曲线、层剪力曲线、各类构件的出铰位置、状态及出铰顺序并加以分析。

9 弹塑性时程分析:说明分析方法、本构关系、层间位移角曲线、层剪力曲线、各类构件的损伤位置和状态及损伤顺序并加以分析。应将弹塑性时程分析与对应的弹性时程分析结果进行对比,找出薄弱层及薄弱部位。

10 楼板应力分析:对楼板不连续或竖向构件不连续等特殊情况,给出大震下的楼板应力分析结果,验算楼板受剪承载力。

11 关键节点、特殊构件及特殊作用工况下的计算分析。

12 大跨空间结构的稳定分析,必要时进行大震下考虑几何和材料双非线性的弹塑性分析。

13 超长结构必要时,应按有关规范的要求,给出考虑行波效应的多点多维地震波输入的分析比较。

14 必要时,给出高层和大跨空间结构连续倒塌分析、徐变分析和施工模拟分析。

15 结构抗震加强措施及超限论证结论。

4.6.5 计算书

计算书应包括荷载作用统计、结构整体计算、基础计算等必要的内容,计算书经校审后保存。

4.7 建筑电气

4.7.1 在初步设计阶段,建筑电气专业设计文件应包括设计说明书、设计图纸、主要电气设备表、计算书。

4.7.2　设计说明书

1　设计依据

1)工程概况:应说明建筑的建设地点、自然环境、建筑类别、性质、面积、层数、高度、结构类型等;

2)建设单位提供的有关部门(如供电部门、消防部门、通信部门、公安部门等)认定的工程设计资料,建设单位设计任务书及设计要求;

3)相关专业提供给本专业的工程设计资料;

4)设计所执行的主要法规和所采用的主要标准(包括标准的名称、编号、年号和版本号)。

2　设计范围

1)根据设计任务书和有关设计资料说明本专业的设计内容,以及与其他设备设施二次安装电气设计、照明专项设计、智能化专项设计等相关专项设计,以及其他设计的分工界面;

2)拟设置的建筑电气系统。

3　变、配、发电系统

1)确定负荷等级和各级别负荷容量;

2)确定供电电源及电压等级,要求电源容量及回路数、专用线或非专用线、线路路由及敷设方式、近远期发展情况;

3)备用电源和应急电源容量确定原则及性能要求,有自备发电机时,说明启动、停机方式及与城市电网关系;

4)高、低压配电系统接线型式及运行方式:正常工作电源与备用电源之间的关系,母线联络开关运行和切换方式,变压器之间低压侧联络方式,重要负荷的供电方式;

5)变、配、发电站的位置、数量及型式,设备技术条件和选型要求;

6)容量:包括设备安装容量、计算有功、无功、视在容量,变压器、发电机的台数、容量、负载率;

7)继电保护装置的设置;

8)操作电源和信号:说明高、低压设备的操作电源,以及运行信号装置配置情况;

9)电能计量装置:采用高压或低压,专用柜或非专用柜(满足供电部门要求和建设单位内部核算要求),监测仪表的配置情况;

10)功率因数补偿方式:说明功率因数是否达到供用电规则的要求,应补偿容量和采取的补偿方式和补偿后的结果;

11)谐波:说明谐波状况及治理措施。

4 配电系统

1)供电方式;

2)供配电线路导体选择及敷设方式:高、低压进出线路的型号及敷设方式,选用导线、电缆、母干线的材质和类别;

3)开关、插座、配电箱、控制箱等配电设备选型及安装方式;

4)电动机启动及控制方式的选择。

5 照明系统

1)照明种类及主要场所照度标准、照明功率密度值等指标。

2)光源、灯具及附件的选择,照明灯具的安装及控制方式;若设置应急照明,应说明应急照明的照度值、电源型式、灯具配置、控制方式、持续时间等。

3)室外照明的种类(如路灯、庭院灯、草坪灯、地灯、泛光照明、水下照明等)、电压等级、光源选择及其控制方法等。

4)对有二次照明和照明专项设计的场所,应说明照明配电箱设计原则、容量及供电要求。

6 电气节能及环保措施

1)拟采用的电气节能和环保措施;

2)表述电气节能、环保产品的选用情况。

7 绿色建筑电气设计

1)绿色建筑电气设计概况;

2)建筑电气节能与能源利用设计内容；

3)建筑电气室内环境质量设计内容；

4)建筑电气运营管理设计内容。

8　装配式建筑电气设计

1)装配式建筑电气设计概况；

2)建筑电气设备、管线及附件等在预制构件中的敷设方式及处理原则；

3)电气专业在预制构件中预留空洞、沟槽、预埋管线等布置的设计原则。

9　防雷

1)确定建筑物防雷类别、建筑物电子信息系统雷电防护等级；

2)防直接雷击、防侧击、防雷击电磁脉冲等的措施；

3)当利用建筑物、构筑物混凝土内钢筋做接闪器、引下线、接地装置时,应说明采取的措施和要求。当采用装配式时应说明引下线的设置方式及确保有效接地所采取的措施。

10　接地及安全措施

1)各系统要求接地的种类及接地电阻要求；

2)等电位设置要求；

3)接地装置要求,当接地装置需做特殊处理时应说明采取的措施、方法等；

4)安全接地及特殊接地的措施。

11　电气消防

1)电气火灾监控系统

①按建筑性质确定保护设置的方式、要求和系统组成；

②确定监控点设置,设备参数配置要求；

③传输、控制线缆选择及敷设要求。

2)消防设备电源监控系统

①确定监控点设置,设备参数配置要求;
②传输、控制线缆选择及敷设要求。
3)防火门监控系统
①确定监控点设置,设备参数配置要求;
②传输、控制线缆选择及敷设要求。
4)火灾自动报警系统
①按建筑性质确定系统形式及系统组成;
②确定消防控制室的位置;
③火灾探测器、报警控制器、手动报警按钮、控制台(柜)等设备的设置原则;
④火灾报警与消防联动控制要求,控制逻辑关系及控制显示要求;
⑤火灾警报装置及消防通信设置要求;
⑥消防主电源、备用电源供给方式,接地及接地电阻要求;
⑦传输、控制线缆选择及敷设要求;
⑧当有智能化系统集成要求时,应说明火灾自动报警系统与其他子系统的接口方式及联动关系;
⑨应急照明的联动控制方式等。
5)消防应急广播
①消防应急广播系统声学等级及指标要求;
②确定广播分区原则和扬声器设置原则;
③确定系统音源类型、系统结构及传输方式;
④确定消防应急广播联动方式;
⑤确定系统主电源、备用电源供给方式。
12 智能化设计
1)智能化设计概况;
2)智能化各系统的系统形式及其系统组成;
3)智能化各系统的主机房、控制室位置;

4)智能化各系统的布线方案；

5)智能化各系统的点位配置标准；

6)智能化各系统的供电、防雷及接地等要求；

7)智能化各系统与其他专业设计的分工界面、接口条件；

8)智能化各系统户内网络设计要求；

9)智能化各系统户内智能信息配线箱设计要求。

13 机房工程

1)确定智能化机房的位置、面积及通信接入要求；

2)当智能化机房有特殊荷载设备时，确定智能化机房的结构荷载要求；

3)确定智能化机房的空调形式及机房环境要求；

4)确定智能化机房的给水、排水及消防要求；

5)确定智能化机房用电容量要求；

6)确定智能化机房内装、电磁屏蔽、防雷接地等要求。

14 需提请在设计审批时解决或确定的主要问题。

4.7.3 设计图纸

1 电气总平面图(仅有单体设计时，可无此项内容)

1)标示建筑物、构筑物名称、容量、高低压线路及其他系统线路走向、回路编号、导线及电缆型号规格及敷设方式、架空线杆位、路灯、庭院灯的杆位(路灯、庭院灯可不绘线路)；

2)变、配、发电站位置、编号、容量；

3)比例、指北针。

2 变、配电系统

1)高、低压配电系统图：注明开关柜编号、型号及回路编号、一次回路设备型号、设备容量、计算电流、补偿容量、整定值、导体型号规格、用户名称；

2)平面布置图：应包括高压和低压开关柜、变压器、母干线、发电机、控制屏、直流电源及信号屏等设备平面布置和主要尺寸，图纸应有比例；

3）标示房间层高、地沟位置、标高（相对标高）。

3　配电系统

1）主要干线平面布置图：应绘制主要干线所在楼层的干线路由平面图；

2）配电干线系统图：以建筑物、构筑物为单位，自电源点开始至终端主配电箱止，按设备所处相应楼层绘制，应包括变、配电站变压器编号、容量，发电机编号、容量，终端主配电箱编号、容量。

4　防雷系统、接地系统

一般不出图纸，特殊工程只出顶视平面图、接地平面图。

5　电气消防

1）电气火灾监控系统图；

2）消防设备电源监控系统图；

3）防火门监控系统图；

4）火灾自动报警系统

①火灾自动报警及消防联动控制系统图；

②消防控制室设备布置平面图。

5）消防应急广播。

6　智能化系统

1）智能化各系统的系统图；

2）智能化各系统及其子系统主要干线所在楼层的干线路由平面图；

3）智能化各系统及其子系统主机房布置平面示意图；

4）智能化各系统及其子系统户内点位平面图。

4.7.4　主要电气设备表

注明主要电气设备的名称、型号、规格、单位、数量。

4.7.5　计算书

1　用电设备负荷计算。

2 变压器、柴油发电机选型计算。

3 典型回路电压损失计算。

4 系统短路电流计算。

5 防雷类别的选取或计算。

6 典型场所照度值和照明功率密度值计算。

7 各系统计算结果尚应标示在设计说明或相应图纸中。

8 因条件不具备不能进行计算的内容,应在初步设计中说明,并应在施工图设计时补算。

4.8 给水排水

4.8.1 初步设计阶段,建筑工程给水排水专业设计文件应包括设计说明书、设计图纸、设备及主要材料表、计算书。

4.8.2 设计说明书

1 设计依据

1)摘录设计总说明所列批准文件和依据性资料中与本专业设计有关内容;

2)本专业设计所执行的主要法规和所采用的主要规范、标准(包括标准的名称、编号、年号和版本号);

3)设计依据的市政条件;

4)建设单位提供有关资料和设计任务书;

5)建筑和有关专业提供的条件图和有关资料。

2 工程概况:项目位置,建筑的分类和耐火等级,建筑功能组成、建筑面积及体积、建筑层数、建筑高度。

3 设计范围

根据设计任务书和有关设计资料,说明用地红线(或建筑红线)内本专业的设计内容,以及与需要专项(二次)设计的如环保、消防及其他工艺设计的分工界面和相关联的内容。当采用装配式时明确给水排水专业的管道、管件及附件等在预制构件中的敷设方式及处理原则;预制构件中预留孔洞、沟槽、预埋管线等布置的设计原则。

4 建筑小区(室外)给水设计

1)水源:由城镇或小区管网供水时,应说明供水干管方位、接管管径及根数、能提供的水压;当建自备水源时,应按照《市政公用工程设计文件编制深度规定》要求,另行专项设计。

2)用水量:说明或用表格列出生活用水定额及用水量、生产用水量、其他项目用水定额及用水量(含循环冷却水系统补水量、游泳池和中水系统补水量、洗衣房、锅炉房、水景用水、道路浇洒、汽车库和停车场地面冲洗、绿化浇洒和未预见用水量及管网漏失水量等)、消防用水量标准及一次灭火用水量、总用水量(最高日用水量、平均时用水量、最大时用水量)。

3)给水系统:说明给水系统的划分及组合情况、分质、分区(分压)供水的情况及设备控制方法;当水量、水压不足时采取的措施,并说明调节设施的容量、材质、位置及加压设备选型;如系改建、扩建工程,还应简述现有给水系统。

4)消防系统:说明各类形式消防设施的设计依据、设置范围、设计参数、供水方式、设备参数及运行要求等。

5)中水系统:说明中水系统设计依据、中水用途、水质要求、设计参数。当市政提供中水时,应说明供水干管方位、接管管径及根数、能提供的水压;当自建中水站时,应说明规模、工艺流程及处理设施、设备选型,并绘制水量平衡图(表)。

6)循环冷却水系统:说明根据用水设备对水量和计量、水质、水温、水压的要求,以及当地的有关的气象参数(如室外空气干、湿球温度和大气压力等)来选择采取循环冷却水系统的组成、冷却构筑物和循环水泵的参数、稳定水质措施及设备控制方法等。

7)当采用其他循环用水系统时,应概述系统流程、净化工艺,复杂的系统应绘制水量平衡图。

8)各系统选用的管材、接口及敷设方式。

5 建筑小区(室外)排水设计

1)现有排水条件简介

当排入城市管渠或其他外部明沟时应说明管渠横断面尺寸大小、坡度、排入点的标高、位置或检查井编号。

当排入水体时,还应说明对排放的要求,水体水文情况(流量、水位)。

2)说明设计采用的排水制度、排水出路;如需要提升,则说明提升位置、规模、提升设备选型及设计数据、构筑物形式、占地面积、事故排放的措施等。

3)说明或用表格列出生产、生活排水系统的排水量

当污水需要处理时,应按照《市政公用工程设计文件编制深度规定》的要求,另行专项设计。

4)说明雨水系统设计采用的暴雨强度公式(或暴雨强度)、重现期、雨水排水量,雨水系统简介,雨水出路等。

5)雨水控制与利用系统:说明控制指标及规模;雨水用途、水质要求、设计重现期、年降水量、年可回用雨水量、年用雨水量、系统选型、处理工艺及构筑物概况、加压设备及给水系统等。

6)各系统选用的管材、接口及敷设方式。

6 建筑室内给水设计

1)水源:由市政或小区管网供水时,应说明供水干管的方位、引入管(接管)管径及根数、能提供的水压。

2)说明或用表格列出各种用水量定额、用水单位数、使用时数、小时变化系数、最高日用水量、平均时用水量、最大时用水量。

注:此内容在第4.8.2条第4款第2)项中表示清楚时,则可不表示。

3)给水系统:说明给水系统的选择和给水方式,分质、分区(分压)供水要求和采取的措施,计量方式,设备控制方法,水箱和水池的容量、设置位置、材质,设备选型、防水质污染、保温、防结露

和防腐蚀等措施。

4)消防系统:遵照各类防火设计规范的有关规定要求,分别对各类消防系统(如消火栓、自动喷水、水幕、雨淋喷水、水喷雾、细水雾、泡沫、消防炮、气体灭火等)的设计原则和依据,计算标准、设计参数、系统组成、控制方式;消防水池和水箱的容量、设置位置;建筑灭火器的配置;其他灭火系统如气体灭火系统的设置范围、灭火剂选择、设计储量以及主要设备选择等予以叙述。

5)热水系统:说明采取的热源、加热方式、水温、水质、热水供应方式、系统选择及设计耗热量、最大小时热水量、机组供热量等;说明设备选型、保温、防腐的技术措施等;当利用余热或太阳能时,尚应说明采用的依据、供应能力、系统形式、运行条件及技术措施等。

6)循环冷却水系统、重复用水系统、饮水供应等系统的设计参数及系统简介。当对水质、水压、水温等有特殊要求时,应说明采取的特殊技术措施,并列出设计数据及工艺流程、设备选型等。

7)各系统选用的管材、接口及敷设方式。

7　建筑室内排水设计

1)排水系统:说明排水系统选择、生活和生产污(废)水排水量、室外排放条件,有毒有害污水的局部处理工艺流程及设计数据。

2)屋面雨水的排水系统选择及室外排放条件,采用的降雨强度、重现期和设计雨水量等。

3)各系统选用的管材、接口及敷设方式。

8　中水系统:同第4.8.2条第4款第5)项。

9　节水、节能减排措施:说明高效节水、节能减排器具和设备及系统设计中采用的技术措施等。

10　对有隔振及防噪声要求的建筑物、构筑物,说明给水排水设施所采取的技术措施。

11　对特殊地区(地震、湿陷性或胀缩性土、冻土地区、软弱地基)的给水排水设施,说明所采取的相应技术措施。

12　对分期建设的项目,应说明前期、近期和远期结合的设计原则和依据性资料。

13　绿色建筑设计

当项目按绿色建筑要求建设时,说明绿色建筑设计目标,采用的主要绿色建筑技术和措施。

14　装配式建筑设计

当项目按装配式建筑要求建设时,说明装配式建筑给水排水设计目标,采用的主要装配式建筑技术和措施(如卫生间排水形式,采用装配式时管材材质及接口方式,预留孔洞、沟槽做法要求,预埋套管、管道安装方式和原则等)。

15　各专篇(项)中给水排水专业应阐述的问题;给水排水专业需专项(二次)设计的系统及设计要求。

16　存在的问题:需提请在设计审批时解决或确定的主要问题。

17　施工图设计阶段需要提供的技术资料等。

4.8.3　设计图纸(对于简单工程项目初步设计阶段可不出图)

1　建筑小区(室外)应绘制给水排水总平面图

1)自建水源的取水构筑物平面布置图、水处理厂(站)总平面布置及工艺流程断面图,应按照《市政公用工程设计文件编制深度规定》要求,另行专项设计。

2)全部建筑物和构筑物的平面位置、道路等,并标出主要定位尺寸或坐标、标高,指北针(或风玫瑰图)、比例等。

3)给水排水管道平面位置,标注出干管的管径、排水方向;绘出阀门井、消火栓井、水表井、检查井、化粪池等和其他给水排水构筑物位置。

4)室外给水排水管道与城市管道系统连接点的位置和控制

标高。

5)消防系统、中水系统、循环冷却水系统、重复用水系统、雨水控制与利用系统等管道的平面位置,标注出干管的管径。

6)中水系统、雨水控制与利用系统构筑物位置、系统管道与构筑物连接点处的控制标高。

2 建筑室内给水排水平面图和系统原理图

1)绘制给水排水首层(管道进出户层并绘制引入管和排出管)、地下室复杂的机房层、主要标准层、管道或设备复杂层的平面布置图;

2)绘制复杂设备机房的设备平面布置图;

3)应绘制给水系统、生活排水系统、雨水系统、各类消防系统、循环冷却水系统、热水系统、中水系统等系统原理图,标注主干管管径、水池(箱)底标高、建筑楼层编号及层面标高;

4)应绘制水处理流程图(或方框图)。

4.8.4 设备及主要材料表

列出设备及主要材料及器材的名称、性能参数、计数单位、数量、备注。

4.8.5 计算书

1 各类生活、生产、消防等系统用水量和生活、生产排水量,园区、屋面雨水排水量,生活热水的设计小时耗热量等计算。

2 中水水量平衡计算。

3 有关的水力计算及热力计算。

4 主要设备选型和构筑物尺寸计算。

4.9 供暖通风及空气调节

4.9.1 在初步设计阶段,供暖通风与空气调节设计文件应有设计说明书,除小型、简单工程外,初步设计文件还应包括设计图纸、设备表及计算书。

4.9.2 设计说明

1 设计依据

1)摘述设计任务书和其他依据性资料中与供暖通风及空气调节专业有关的主要内容;

2)与本专业有关的批准文件和建设单位提出的符合有关法规、标准的要求;

3)本专业设计所执行的主要法规和所采用的主要标准(包括标准的名称、编号、年号和版本号);

4)其他专业提供的设计资料等。

2 简述工程建设地点、建筑面积、规模、建筑防火类别、使用功能、层数、建筑高度等。

3 设计范围

根据设计任务书和有关设计资料,说明本专业设计的内容、范围以及与有关专业的设计分工。

4 设计计算参数

1)室外空气计算参数;

2)室内设计参数(见表4.9.2.4)。

表4.9.2.4 室内设计参数

房间名称	夏季		冬季		风速(m/s)	新风量标准(m^3/(h·人))	噪声标准(dB(A))
	温度(℃)	相对湿度(%)	温度(℃)	相对湿度(%)			

注:温度、相对湿度采用基准值,如有设计精度要求,以±℃、±%表示幅度。

5　供暖

1)供暖热负荷;

2)叙述热源状况、热媒参数、热源系统工作压力、室外管线及系统补水定压方式;

3)供暖系统形式及管道敷设方式;

4)供暖热计量及室温控制,系统平衡、调节手段;

5)供暖设备、散热器类型、管道材料及保温材料的选择。

6　空调

1)空调冷、热负荷;

2)空调系统冷源及冷媒选择,冷水、冷却水参数;

3)空调系统热源供给方式及参数;

4)各空调区域的空调方式,空调风系统简述,必要的气流组织说明;

5)空调水系统设备配置形式和水系统制式,系统平衡、调节手段;

6)监测与控制简述;

7)管道、风道材料及保温材料的选择。

7　通风

1)设置通风的区域及通风系统形式;

2)通风量或换气次数;

3)通风系统设备选择和风量平衡。

8　防排烟

1)简述设置防排烟的区域及其方式;

2)防排烟系统风量确定;

3)防排烟系统及其设施配置;

4)控制方式简述;

5)暖通空调系统的防火措施。

9　空调通风系统的防火、防爆措施。

10 节能设计

节能设计采用的各项措施、技术指标,包括有关节能设计标准中涉及的强制性条文的要求。

11 绿色建筑设计

当项目按绿色建筑要求建设时,说明绿色建筑设计目标,采用的主要绿色建筑技术和措施。

12 装配式建筑设计

当项目按装配式建筑要求建设时,说明装配式建筑设计目标,采用的主要装配式建筑技术和措施(如采用装配式时管材材质及接口方式,预留孔洞、沟槽做法要求,预埋套管、管道安装方式和原则等)。

13 废气排放处理和降噪、减振等环保措施。

14 需提请在设计审批时解决或确定的主要问题。

4.9.3 设备表

列出主要设备的名称、性能参数、数量等(见表4.9.3)。

表4.9.3 设备表

设备编号	名称	性能参数	单位	数量	安装位置	服务区域	备注

注:1. 性能参数栏应注明主要技术数据,并注明锅炉的额定热效率、冷热源机组能效比或性能系数、多联式空调(热泵)机组制冷综合性能系数、风机效率、水泵在设计工作点的效率、热回收设备的热回收效率及主要设备噪声值等;

2. 安装位置栏注明主要设备的安装位置,设备数量较少的工程可不设此栏。

4.9.4 设计图纸

1 供暖通风与空气调节初步设计图纸一般包括图例、系统流程图、主要平面图。各种风道可绘单线图。

2 系统流程图包括冷热源系统、供暖系统、空调水系统、通风及空调风路系统、防排烟等系统的流程。应表示系统服务区域名称、设备和主要管道和风道所在区域和楼层,标注设备编号、主要风道尺寸和水管干管管径,表示系统主要附件,建筑楼层编号及标高。

注:当通风及空调风路系统、防排烟等系统跨越楼层不多,系统简单,且在平面图中可较完整地表示系统时,可只绘制平面图,不绘制系统流程图。简单的供暖系统可不绘制流程图。

3 供暖平面图

绘出散热器、分集水器、户式燃气供暖热水炉位置、供暖干管的入口及系统编号。

4 通风、空调、防排烟平面图

1)绘出设备位置、管道和风道走向、风口位置,大型复杂工程还应注出主要干管控制标高和管径,管道交叉复杂处需绘制局部剖面;

2)多联式空调系统应绘制平面图,表示出冷媒管和冷凝水管走向。

5 冷热源机房平面图

绘出主要设备位置、管道走向,标注设备编号等。

4.9.5 计算书

对于供暖通风与空调工程的热负荷、冷负荷、通风和空调系统风量、空调冷热水量、冷却水量及主要设备的选择,应做初步计算。

4.10 燃气与热力

4.10.1 初步设计应有设计说明书,除小型、简单工程外,初步设计还应包括设计图纸、主要设备表、计算书。

4.10.2 设计说明书

1　设计依据

1)本专业设计所执行的主要法规和所采用的主要标准(包括标准的名称、编号、年号和版本号);

2)与本专业设计有关的批准文件和依据性资料(水质分析、地质情况、地下水位、冻土深度、燃料种类等);

3)其他专业提供的设计资料(如总平面布置图、供热分区、热负荷及介质参数、发展要求等)。

2　设计范围

1)根据设计任务书和有关设计资料,说明本专业承担的设计范围和分工(当有其他单位共同设计时);

2)对今后发展或扩建的预留;

3)改建、扩建工程,应说明对原有建筑、结构、设备等的利用情况。

3　锅炉房

1)热负荷的确定及锅炉形式的选择:确定计算热负荷,列出各热用户的热负荷表;确定供热介质及参数;确定锅炉形式、规格、台数,并说明备用情况。

2)热力系统:应说明热力系统,包括热水循环系统、蒸汽及凝结水系统、水处理系统、给水系统、定压补水方式、排污系统、供热调节方式、各种水泵的台数及备用情况等。

3)燃料系统:说明燃料种类、燃料低位发热量、燃料来源,说明烟气排放;当燃料为煤时,说明煤的种类、煤的储存场地及储存时间,确定煤的处理设备、计量设备及输送设备,确定烟囱的高度、出口直径、材质及位置,鼓、引风设备的选择,确定烟气的除尘、脱硫设备,确定除渣设备;当燃料为油时,说明油的种类,简述燃油系统,说明油罐位置、大小、数量、油的储存时间和运输方式;当燃料为燃气时,说明燃气种类、燃气压力、燃气计量要求,确定调压站位置。

4)技术指标:列出建筑面积、供热量、供汽量、燃料消耗量、灰渣排放量、软化水消耗量、自来水消耗量及电容量等。

4　其他动力站房

1)热交换站:说明加热、被加热介质及其参数,确定供热负荷,简述热水循环系统,确定热水循环系统的耗电输热比,简述蒸汽及凝结水系统、水处理系统、定压补水方式等,确定换热器及其他配套辅助设备;

2)柴油发电机房:确定柴油发电机容量,说明燃油系统、油耗及储油量,说明进风、排风、排烟方式;

3)燃气调压站:确定调压站位置,确定燃气用气量,简述调压站流程,确定调压器前后参数,选择调压器。

5　室内管道:确定各种介质负荷及其参数,说明管道及附件的选择,说明管道走向及敷设方式,选择管道的保温及保护材料。

6　室外管网:确定各种介质负荷及其参数,说明管道走向及敷设方式,选择管材及附件,说明防腐方式,选择管道的保温及保护材料。

7　节能、环保、消防、安全措施等。

8　绿色建筑设计:当项目设计为绿色建筑时,说明绿色建筑设计目标、采用的主要绿色建筑技术和措施。

9　需提请设计审批时解决或确定的主要问题。

4.10.3　设计图纸

1　热力系统图:表示出热水循环系统、蒸汽及凝结水系统、水处理系统、给水系统、定压补水方式、排污系统等内容;标明图例符号、主要管径、介质流向及设备编号(应与设备表中编号一致);标明就地安装测量仪表位置等。

2　锅炉房平面图:绘制锅炉房、辅助间及烟囱等的平面图,注明建筑轴线编号、尺寸、标高和房间名称;并布置主要设备,注明定位尺寸及设备编号(应与设备表中编号一致)。对较大型锅炉房根据情况绘制表示锅炉房及相关构筑物的尺寸及相对位置的区域布置图。

3 其他动力站房:绘制平面布置图及系统原理图。

4 室内外动力管道:室内燃气管道绘制平面走向图。室外动力管道根据需要绘制平面走向图。

4.10.4 主要设备表

列出主要设备名称、性能参数、单位和数量等,对锅炉设备应注明锅炉效率。

4.10.5 计算书

对于负荷、水电和燃料消耗量、主要管道管径、主要设备选择等,应做初步计算。

4.11 概 算

4.11.1 建设项目设计概算是初步设计文件的重要组成部分。概算文件应单独成册。设计概算文件由封面、签署页(扉页)、编制说明、建设项目总概算表、其他费用表、单项工程综合概算表、单位工程概算书等内容组成。

4.11.2 封面、签署页(扉页),参照第3.1.2条。

4.11.3 概算编制说明

1 工程概括:简述建设项目的建设地点、设计规模、建设性质(新建、扩建或改建)和项目主要特征等。

2 编制依据

1) 设计说明书及设计图纸;

2) 国家和地方政府有关建设和造价管理的法律、法规和规程;

3) 当地和主管部门现行的概算指标或定额(或预算定额、综合预算定额)、单位估价表、类似工程造价指标、材料及构配件预算价格、工程费用定额和有关费用规定的文件等;

4）人工、设备及材料、机械台班价格依据；

5）建设单位提供的有关概算的其他资料；

6）工程建设其他费用计费依据；

7）有关文件、合同、协议等。

3　概算编制范围。

4　其他特殊问题的说明。

5　概算成果说明

1）说明概算的总金额、工程费用、其他费用、预备费及列入项目概算总投资中的相关费用；

2）技术经济指标；

3）主要材料消耗指标。

4.11.4　建设项目总概算表。由工程费用、其他费用、预备费及应列入项目概算总投资中的相关费用组成。

第一部分：工程费用。按各单项工程综合概算表汇总组成。

第二部分：其他费用。包括建设用地费、场地准备及临时设施费、建设单位管理费、勘察设计费、设计咨询费、施工图审查费、配套设施费、研究试验费、前期工作费、环境影响评价费、工程监理费、招标代理费、工程保险费、办公和生活家具购置费、人员培训费、联合试运转费等。

第三部分：预备费。包括基本预备费和价差预备费。

第四部分：应列入项目概算总投资中的相关费用。包括建设期贷款利息、铺底流动资金、固定资产投资方向调节税。

4.11.5　其他费用表。列明费用项目名称、费用计算基数、费率、金额及所依据的国家和地方政府有关文件、文号。

4.11.6　单项工程综合概算表。按每一个单项工程内各单位工程概算书汇总组成。表中要表明技术经济指标，经济指标包括计量指标单位、数量、单位造价。

4.11.7　单位工程概算书。由建筑（土建）工程、装饰工程、机电设备及安装工程、室外工程等专业的工程概算书组成。

1 建筑工程概算书根据第4.11.3条的编制依据,由分部分项工程内容组成,并按规定计价。

2 装饰工程概算书根据第4.11.3条的编制依据,由分部分项工程内容组成,并按规定计价。

3 机电设备及安装工程由建筑电气、给水排水、供暖通风与空气调节、燃气与热力等专业组成。各专业概算书根据第4.11.3条的编制依据,由分部分项工程内容组成,并按规定计价。

4 室外工程由土石方工程、道路工程、广场工程、围墙、大门、室外管线、园林绿化等项组成。各专业概算书根据第4.11.3条的规定计价。

初步设计阶段,单位工程概算书一般应考虑零星工程费。

5 施工图设计

5.1 一般要求

5.1.1 施工图设计文件

1 合同要求所涉及的所有专业的设计图纸(含图纸目录、说明和必要的设备、材料表,见第5.2节至第5.9节)以及图纸总封面;对于涉及成品住宅的专业,其设计说明应有成品住宅的专项内容;对于涉及建筑节能设计的专业,其设计说明应有建筑节能设计的专项内容;涉及装配式建筑设计的专业,其设计说明及图纸应有装配式建筑专项设计内容。

2 合同要求的工程预算书。

注:对于方案设计后直接进入施工图设计的项目,若合同未要求编制工程预算书,施工图设计文件应包括工程概算书(见第4.11节)。

3 各专业计算书。计算书不属于必须交付的设计文件,但应按本规定相关条款的要求编制并归档保存。

5.1.2 总封面标识内容

1 项目名称。

2 设计单位名称(及联合设计单位名称)。

3 项目的设计编号。

4 设计阶段。

5 编制单位法定代表人、技术总负责人和项目总负责人的姓名及其签字或授权盖章(联合设计时分别写明建筑设计单位和室内设计单位法定代表人、技术总负责人各专业负责人的姓名)。

6 设计日期(设计文件交付日期)。

5.2 总平面

5.2.1 在施工图设计阶段,总平面专业设计文件应包括图纸目录、设计说明、设计图纸、计算书。

5.2.2 图纸目录

应先列绘制的图纸,后列选用的标准图和重复利用图。

5.2.3 设计说明

一般工程分别写在有关的图纸上,复杂工程也可单独说明。当重复利用某工程的施工图图纸及其说明时,应详细注明其编制单位、工程名称、设计编号和编制日期;列出主要技术经济指标表(见表4.3.2.6,该表也可列在总平面图上),说明地形图、初步设计批复文件等设计依据、基础资料,当无初步设计时,说明参见"4.3.2 设计说明书"中"1 设计依据及基础资料"。

5.2.4 总平面图

1 保留的地形和地物。

2 测量坐标网、坐标值。

3 场地范围的测量坐标(或定位尺寸),道路红线、建筑控制线、用地红线等的位置。

4 场地四邻原有及规划的道路、绿化带等的位置(主要坐标或定位尺寸),周边场地用地性质以及主要建筑物、构筑物、地下建筑物等的位置、名称、性质、层数。

5 建筑物、构筑物(人防工程、地下车库、油库、贮水池等隐蔽工程以虚线表示)的名称或编号、层数、定位(坐标或相互关系尺寸)。

6 广场、停车场、运动场地、道路、围墙、无障碍设施、排水沟、挡土墙、护坡等的定位(坐标或相互关系尺寸)。如有消防车道和扑救场地,需注明。

7 指北针或风玫瑰图。

8 建筑物、构筑物使用编号时，应列出“建筑物和构筑物名称编号表”。

9 注明尺寸单位、比例、建筑正负零的绝对标高、坐标及高程系统（如为场地建筑坐标网，应注明与测量坐标网的相互关系）、补充图例等。

5.2.5 竖向布置图

1 场地测量坐标网、坐标值。

2 场地四邻的道路、水面、地面的关键性标高。

3 建筑物、构筑物名称或编号、室内外地面设计标高、地下建筑的顶板面标高及覆土高度限制。

4 广场、停车场、运动场地的设计标高，以及景观设计中，水景、地形、台地、院落的控制性标高。

5 道路、坡道、排水沟的起点、变坡点、转折点和终点的设计标高（路面中心和排水沟顶及沟底）、纵坡度、纵坡距、关键性坐标，道路标明双面坡或单面坡、立道牙或平道牙，必要时标明道路平曲线及竖曲线要素。

6 挡土墙、护坡或土坎顶部和底部的主要设计标高及护坡坡度。

7 用坡向箭头或等高线表示地面设计坡向，当对场地平整要求严格或地形起伏较大时，宜用设计等高线表示，地形复杂时应增加剖面表示设计地形。

8 指北针或风玫瑰图。

9 注明尺寸单位、比例、补充图例等。

10 注明尺寸单位、比例、建筑正负零的绝对标高、坐标及高程系统（如为场地建筑坐标网，应注明与测量坐标网的相互关系）、补充图例等。

5.2.6 土石方图

1 场地范围的坐标或注尺寸。

2　建筑物、构筑物、挡墙、台地、下沉广场、水系、土丘等位置(用细虚线表示)。

3　一般用方格网法(也可采用断面法),20 m×20 m或40 m×40 m(也可采用其他方格网尺寸)方格网及其定位,各方格点的原地面标高、设计标高、填挖高度、填区和挖区的分界线,各方格土石方量、总土石方量。

4　土石方工程平衡表(见表5.2.6.4)。

表5.2.6.4　土石方工程平衡表

序号	项目	土石方量(m^3)		说明
		填方	挖方	
1	场地平整			
2	室内地坪填土和地下建筑物、构筑物挖土、房屋及构筑物基础			
3	道路、管线地沟、排水沟			包括路堤填土、路堑和路槽挖土
4	土方损益			指土壤经过挖填后的损益数
5	合计			

注:表列项目随工程内容增减。

5.2.7　管道综合图

1　总平面布置。

2　场地范围的坐标(或注尺寸),道路红线、建筑控制线、用地红线等的位置。

3　保留、新建的各管线(管沟)、检查井、化粪池、储罐等的平面位置,注明各管线、化粪池、储罐等与建筑物、构筑物的距离和管线间距。

4　场外管线接入点的位置。

5　管线密集的地段宜适当增加断面图，表明管线与建筑物、构筑物、绿化之间及管线之间的距离，并注明主要交叉点上下管线的标高或间距。

6　指北针。

7　注明尺寸单位、比例、图例、施工要求。

5.2.8　绿化及建筑小品布置图

1　总平面布置。

2　绿地(含水面)、人行步道及硬质铺地的定位。

3　建筑小品的位置(坐标或定位尺寸)、设计标高、详图索引。

4　指北针。

5　注明尺寸单位、比例、图例、施工要求等。

5.2.9　详图

道路横断面、路面结构、挡土墙、护坡、排水沟、池壁、广场、运动场地、活动场地、停车场地面、围墙等详图。

5.2.10　设计图纸的增减

1　当工程设计内容简单时，竖向布置图可与总平面图合并。

2　当路网复杂时，可增绘道路平面图。

3　土石方图和管线综合图可根据设计需要确定是否出图。

4　当绿化或景观环境另行委托设计时，可根据需要绘制绿化及建筑小品的示意性和控制性布置图。

5.2.11　计算书

设计依据及基础资料、计算公式、计算过程、有关满足日照要求的分析资料及成果资料等。

5.3　建　筑

5.3.1　在施工图设计阶段，建筑专业设计文件应包括图纸目录、设计说明、设计图纸、计算书。

5.3.2 图纸目录

先列绘制图纸，后列选用的标准图或重复利用图。

5.3.3 设计说明

1 依据性文件名称和文号，如批文、本专业设计所执行的主要法规和所采用的主要标准（包括标准名称、编号、年号和版本号）及设计合同等。

2 项目概况

内容一般应包括建筑名称、建设地点、建设单位、建筑面积、建筑基底面积、项目设计规模等级、设计使用年限、建筑层数和建筑高度、建筑防火分类和耐火等级、人防工程类别和防护等级、人防建筑面积、屋面防水等级、地下室防水等级、主要结构类型、抗震设防烈度等，以及能反映建筑规模的主要技术经济指标，如成品住宅的套型和套数（包括套型总建筑面积等）、车库的停车泊位数等。

3 设计标高

工程的相对标高与总图绝对标高的关系。

4 用料说明和室内外装修

1）墙体、墙身防潮层、地下室防水、屋面、外墙面、勒脚、散水、台阶、坡道、油漆、涂料等处的材料和做法，墙体、保温等主要材料的性能要求，可用文字说明或部分文字说明，部分直接在图上引注或加注索引号，其中应包括节能材料的说明；成品住宅内装的材料和做法，需要土建施工的由建筑专业说明，需要内装施工的由内装专业说明，同一部位同种材料部分需要土建施工的建筑专业说明材料做法和分工界面。

2）内装部分除用文字说明以外亦可用表格形式表达（见表5.3.3.4），在表上填写相应的做法或代号。

表 5.3.3.4　内装做法表

部位 名称	楼、地面	踢脚板	墙裙	内墙面	顶棚	备注
门厅						
走廊						

注：表列项目可增减。

5　对采用新技术、新材料和新工艺的做法说明及对特殊建筑造型和必要的建筑构造的说明。

6　门窗表（见表 5.3.3.6）及门窗性能（防火、隔声、防护、抗风压、保温、隔热、气密性、水密性等）、窗框材质和颜色、玻璃品种和规格、五金件等的设计要求。成品住宅的门窗由土建施工单位施工的在建筑图中明确做法；由内装单位施工的在室内设计图中明确做法，建筑图需给出设计编号和洞口尺寸、樘数。

表 5.3.3.6　门窗表

类别	设计编号	洞口尺寸(mm)		樘数	采用标准图集及编号		备注
		宽	高		图集代号	编号	
门							
窗							

注：1. 采用非标准图集的门窗应绘制门窗立面图及开启方式；

2. 单独的门窗表应加注门窗的性能参数、型材类别、玻璃种类及热工性能。

7 幕墙工程(玻璃、金属、石材等)及特殊屋面工程(金属、玻璃、膜结构等)的特点,节能、抗风压、气密性、水密性、防水、防火、防护、隔声的设计要求、饰面材质、涂层等主要的技术要求,并明确与专项设计的工作及责任界面。

8 电梯(自动扶梯、自动步道)选择及性能说明(功能、额定载重量、额定速度、停站数、提升高度等)。

9 建筑设计防火设计说明,包括总体消防、建筑单体的防火分区、安全疏散、疏散人数和宽度计算、防火构造、消防救援窗设置等。

10 无障碍设计说明,包括基地总体上、建筑单体内的各种无障碍设施要求等。

11 建筑节能设计说明

1)设计依据;

2)项目所在地的气候分区、建筑分类及围护结构的热工性能限值;

3)建筑的节能设计概况、围护结构的屋面(包括天窗)、外墙(非透光幕墙)、外窗(透光幕墙)、架空或外挑楼板、分户墙和户间楼板(居住建筑)等构造组成和节能技术措施,明确外门、外窗和建筑幕墙的气密性等级;

4)建筑体型系数计算(按不同气候分区城市的要求)、窗墙面积比(包括屋顶透光部分面积)计算和围护结构热工性能计算,确定设计值。

12 根据工程需要采取的安全防范和防盗要求及具体措施,隔声减振减噪、防污染、防射线等的要求和措施。

13 需要专业公司进行深化设计的部分,对分包单位明确设计要求,确定技术接口的深度。

14 当项目按绿色建筑要求建设时,应有绿色建筑设计说明:

1)设计依据;

2)绿色建筑设计的项目特点与定位；

3)建筑专业相关的绿色建筑技术选项内容；

4)采用绿色建筑设计选项的技术措施。

15 当项目按装配式建筑要求建设时，应有装配式建筑设计说明：

1)装配式建筑设计概况及设计依据；

2)建筑专业相关的装配式建筑技术选项内容，拟采取的技术措施，如标准化设计要点、预制部位及预制率计算等技术应用说明；

3)一体化室内设计的范围及技术内容；

4)装配式建筑特有的建筑节能设计内容。

16 其他需要说明的问题。

5.3.4 平面图

1 承重墙、柱及其定位轴线和轴线编号，轴线总尺寸（或外包总尺寸）、轴线间尺寸（开间、进深）、门窗洞口尺寸、分段尺寸。

2 内外门窗位置、编号，门的开启方向，注明房间名称或编号，库房（储藏）注明储存物品的火灾危险性类别。

3 墙身厚度（包括承重墙和非承重墙），柱与壁柱截面尺寸（必要时）及其与轴线关系尺寸，当围护结构为幕墙时，标明幕墙与主体结构的定位关系及平面凹凸变化的轮廓尺寸；玻璃幕墙部分标注立面分格间距的中心尺寸。

4 变形缝位置、尺寸及做法索引。

5 按照室内设计的布置表示主要建筑设备和固定家具的位置，如卫生器具、雨水管、水池、台、橱、柜、隔断等。

6 电梯、自动扶梯、自动步道及传送带（注明规格）、楼梯（爬梯）位置，以及楼梯上下方向示意和编号索引。

7 主要结构和建筑构造部件的位置、尺寸和做法索引，如中庭、天窗、地沟、地坑、重要设备或设备基础的位置尺寸、各种平台、夹层、人孔、阳台、雨篷、台阶、坡道、散水、明沟等。

8 楼地面预留孔洞和通气管道、管线竖井、烟囱、垃圾道等位置、尺寸和做法索引，以及墙体（主要为填充墙、承重砌体墙）预留洞的位置、尺寸与标高或高度等。

9 车库的停车位、无障碍车位和通行路线。

10 建筑中用于检修维护的天桥、栅顶、马道等的位置、尺寸、材料和做法索引。

11 室外地面标高、首层地面标高、各楼层标高、地下室各层标高。

12 首层平面标注剖切线位置、编号及指北针或风玫瑰。

13 有关平面节点详图或详图索引号。

14 每层建筑面积、防火分区面积、防火分区分隔位置及安全出口位置示意，图中标注计算疏散宽度及最远疏散点到达安全出口的距离（宜单独成图）；当整层仅为一个防火分区时，可不注防火分区面积，或以示意图（简图）形式在各层平面中表示。

15 住宅平面图中标注各房间使用面积、阳台面积。

16 屋面平面应有女儿墙、檐口、天沟、坡度、坡向、雨水口、屋脊（分水线）、变形缝、楼梯间、水箱间、电梯机房、天窗及挡风板、屋面上人孔、检修梯、室外消防楼梯、出屋面管道井及其他构筑物，必要的详图索引号、标高等；表述内容单一的屋面可缩小比例绘制。

17 根据工程性质及复杂程度，必要时可选择绘制局部放大平面图。

18 建筑平面较长较大时，可分区绘制，但须在各分区平面图适当位置上绘出分区组合示意图，并明显表示本分区部位编号。

19 图纸名称、比例。

20 图纸的省略：如系对称平面，对称部分的内部尺寸可省略，对称轴部位用对称符号表示，但轴线号不得省略；楼层平面除轴线间等主要尺寸及轴线编号外,与首层相同的尺寸可省略;楼层标准层可共用同一平面,但需注明层次范围及各层的标高。

21 装配式建筑应在平面中用不同图例注明预制构件(如预制夹心外墙、预制墙体、预制楼梯、叠合阳台等)位置,并标注构件截面尺寸及其与轴线关系尺寸;预制构件大样图,为了控制尺寸及内装相关的预埋点位。

5.3.5 立面图

1 两端轴线编号,立面转折较复杂时可用展开立面表示,但应准确注明转角处的轴线编号。

2 立面外轮廓及主要结构和建筑构造部件的位置,如女儿墙顶、檐口、柱、变形缝、室外楼梯和垂直爬梯、室外空调机搁板、外遮阳构件、阳台、栏杆、台阶、坡道、花台、雨篷、烟囱、勒脚、门窗(消防救援窗)、幕墙、洞口、门头、雨水管,以及其他装饰构件、线脚和粉刷分格线等,当为预制构件或成品部件时,按照建筑制图标准规定的不同图例示意,装配式建筑立面应反映出预制构件的分块拼缝,包括拼缝分布位置及宽度等。

3 建筑的总高度、楼层位置辅助线、楼层数、楼层层高和标高以及关键控制标高的标注,如女儿墙或檐口标高等;外墙的留洞应注尺寸与标高或高度尺寸(宽×高×深及定位关系尺寸)。

4 平、剖面未能表示出来的屋顶、檐口、女儿墙、窗台以及其他装饰构件、线脚等的标高或尺寸。

5 在平面图上表达不清的窗编号。

6 各部分装饰用料、色彩的名称或代号。

7 剖面图上无法表达的构造节点详图索引。

8 图纸名称、比例。

9 各个方向的立面应绘齐全,但差异小、左右对称的立面可简略;内部院落或看不到的局部立面,可在相关剖面图上表示,若剖面图未能表示完全,则需单独绘出。

5.3.6 剖面图

1 剖视位置应选在层高不同、层数不同、内外部空间比较复杂、具有代表性的部位;建筑空间局部不同处以及平面、立面均表达不清的部位,可绘制局部剖面。

2 墙、柱、轴线和轴线编号。

3 剖切到或可见的主要结构和建筑构造部件,如室外地面、底层地(楼)面、地坑、地沟、各层楼板、夹层、平台、吊顶、屋架、屋顶、出屋顶烟囱、天窗、挡风板、檐口、女儿墙、幕墙、爬梯、门、窗、外遮阳构件、楼梯、台阶、坡道、散水、平台、阳台、雨篷、洞口及其他内装等可见的内容。

4 高度尺寸

外部尺寸:门、窗、洞口高度,层间高度,室内外高差、女儿墙高度、阳台栏杆高度、总高度。

内部尺寸:地坑(沟)深度、隔断、内窗、洞口、平台、吊顶等。

5 标高

主要结构和建筑构造部件的标高,如室内地面、楼面(含地下室)、平台、雨篷、吊顶、屋面板、屋面檐口、女儿墙顶、高出屋面的建筑物、构筑物及其他屋面特殊构件等的标高,室外地面标高。

6 节点构造详图索引号。

7 图纸名称、比例。

5.3.7 详图

1 内外墙、屋面等节点,绘出不同构造层次,表达节能设计内容,标注各材料名称及具体技术要求,注明细部和厚度尺寸等。

2 楼梯、电梯、厨房、卫生间、阳台、管沟、设备基础等局部平面放大和构造详图,注明相关的轴线和轴线编号以及细部尺寸,设施的布置和定位、相互的构造关系及具体技术要求等,应提供预制外墙构件之间拼缝防水和保温的构造做法。

3 其他需要表示的建筑部位及构配件详图。

4　室内外装饰方面的构造、线脚、图案等，标注材料及细部尺寸、与主体结构的连接等。

5　门、窗、幕墙绘制立面图，标注洞口和分格尺寸，对开启位置、面积大小和开启方式，用料材质、颜色等做出规定和标注。

6　对另行专项委托的幕墙工程、金属、玻璃、膜结构等特殊屋面工程和特殊门窗等，应标注构件定位和建筑控制尺寸。

5.3.8　对贴邻的原有建筑，应绘出其局部的平、立、剖面，标注相关尺寸，并索引新建筑与原有建筑结合处的详图号。

5.3.9　计算书

1　建筑节能计算书

1）根据不同气候分区地区的要求进行建筑的体型系数计算。

2）根据建筑类别，计算各单一立面外窗（包括透光幕墙）窗墙面积比、屋顶透光部分面积比，确定外窗（包括透光幕墙）、屋顶透光部分的热工性能满足规范的限值要求。

3）根据不同气候分区城市的要求对屋面、外墙（包括非透光幕墙）、底面接触室外空气的架空或外挑楼板等围护结构部位进行热工性能计算。

4）当规范允许的个别限值超过要求时，通过围护结构热工性能的权衡判断，使围护结构总体热工性能满足节能要求。

2　根据工程性质和特点，提出进行视线、声学、安全疏散等方面的计算依据、技术要求。

5.3.10　当项目按绿色建筑要求建设时，相关的平、立、剖面图应包括采用的绿色建筑设计技术内容，并绘制相关的构造详图。

5.3.11　增加保温节能材料的燃烧性能等级，与消防相统一。

5.4　室内设计

5.4.1　成品住宅室内设计专业的施工图设计文件应按住宅套内户型为单位，公共部位以单元为单位，文件编制顺序应该依次为封面、图纸目录、设计说明、内装材料表、图纸等。

5.4.2 室内设计说明

1 工程概况

1）应写明项目名称、工程地点和建设单位。

2）应写明工程的总建筑面积、室内设计范围（面积、层数）、耐火等级和所涉及的其他专项设计（如水电暖等专业）。

3）施工图设计的依据。应包括以下几项内容：

①建筑设计防火规范、建筑内部室内设计防火规范、民用建筑工程室内环境污染控制规范、相关工程质量验收规范等经国家、地区上级有关部门审批获得批准文件的文号及其相关内容；

②设计所依据的国家和河南省现行法规、标准、政策及其他有关规定；

③业主提供的设计资料等；

④经业主批准的初步设计回单作为设计依据。

2 设计说明

1）对设计中所用的新技术、新工艺、新设备和新材料的情况进行说明；

2）对墙面、天花、地面、固定隔断等装饰面的施工用料和做法进行说明；

3）对工程材料与土建界面分工说明；

4）对于室内主要设备等选用情况说明；

5）室内设计对于工程施工的要求。

5.4.3 内装材料表。表中应标明各部位采用的内装材料燃烧性能等级，还应标明材料的品种、规格、颜色、使用的部位等。

5.4.4 室内设计专业

施工图设计图纸。施工图设计图纸应包括住宅套内和公共部位平面布置图、照明布置图、立面图、剖面图、局部大样图和节点详图、室内门窗表。图纸应包括室内的套内阳台（生活阳台、服务阳台)、壁橱、衣帽间等,能全面和完整地作为施工的依据。

5.4.5 施工图纸部分

1 平面

1)成品住宅户型索引图

①成品住宅户型统计:套数、面积以及分布楼层和所在单元位置;

②成品住宅户型说明表及相关索引。

2)室内平面布置图

①包括平面功能、内装构造布置图、平面部品家具尺寸图、建筑设备平面定位布置图;

②应标注所有可移动的家具和隔断的位置、布置方向、柜门和橱门开启方向,同时应确定家具上摆放物品的位置,标注定位尺寸和其他一些必要尺寸;

③厨房平面布置:应标明所有厨房家具、灶具、脱排油烟机、厨房电器设备、洗涤池、上下水立管、燃气管、散热器等的位置,并注明定位尺寸和其他必要尺寸;

④卫生洁具布置:一般情况下应标明所有卫生洁具、洗涤池、地漏的具体位置,并注明排水方向、定位尺寸和其他必要尺寸;

⑤室内墙面各构造在平面布置图中要体现出来,同时门套和门的开启方向及门窗的编号也要体现出来。

3)必要时绘制主要用房的放大平面和室内布置。

4)室内索引图

①规模较大或设计复杂的室内设计需单独绘制索引图。应注明所有的立面、剖面、局部大样和节点详图的索引符和编号,必要时可增加文字说明帮助索引。

②标注索引符号和编号、图纸名称和制图比例;比例不得小于1∶50(包括1∶50)。

5)地面铺装图

①标注地面内装材料的种类、拼接图案、不同材料的分界线、相同材料的拼缝线；

②标注地面内装的定位尺寸、标准和异形材料的单位尺寸；

③标注地面内装嵌条、台阶和梯段防滑条的定位尺寸、材料种类；

④标注地面内装材料铺贴标高，地面材料排版；

⑤地面内装材料图例应有材料规格、型号、质地等部品表；

⑥室内地面图应标明剖切线位置和编号（造型索引）。

6）建筑设备平面布置图

①电气设备定位；

②套内给水排水点位定位；

③通风空调设备、管道及风口定位；

④地暖分集水器定位；

⑤燃气管道及接口定位。

2　天花

1）照明布置图

①天花、灯具布置图：应包含套内各房间天花材料、造型、灯具，并标注尺寸、标高及做法；

②标注剖切线位置及编号。

2）照明与部品关系图

套内各房间灯具与家具部品、饰品的对应关系图。

3）综合天花图

应包含天花造型、灯具、感烟探测器、喷头、风口、检修口等设施，并确定其在天花中位置和标高。

4）必要时绘制主要用房的放大室内天花布置。

3　立面图、剖面图

1）立面图、剖面图中应表示出以下的内容：

①标注立面范围内的轴线和编号，标注立面两端轴线之间的

内装尺寸；

②绘制立面左右两端的内墙线，标明上下两端的地面线、原建筑设计楼板线、室内设计的天花及其造型线；

③绘制墙面和柱面、内装造型、固定隔断、固定家具、内装配件和部品、门窗、栏杆、台阶等的位置，标注定位尺寸；

④厨房、卫生间、阳台等各墙面材料详细排版及做法；

⑤标注剖切线位置及编号；

⑥绘制剖切图：应包含剖切部位的材料、尺寸、做法。

2）建筑设备立面图

①电气设备定位；

②套内给水排水点位定位；

③通风空调设备、管道及风口定位；

④地暖分集水器定位；

⑤燃气管道及接口定位。

4 局部大样图

需详细说明的部位，应绘制局部大样图，并标注索引符号、编号和制图比例。比例不得小于1:30（包括1:30）。

5 节点详图

剖切在需要详细说明的部位，应包括以下内容：

1）节点处内部的结构形式，绘制建筑结构与内装材料及构件之间的相互关系，并注明尺寸和做法。

2）内装面上的设备和设施安装方式及固定方法，确定收口方式，并注明尺寸和做法。

6 室内门窗表

室内门窗表应标注门窗编号、洞口尺寸及门窗扇尺寸，采用的门窗类型。

5.5 结 构

5.5.1 在施工图设计阶段,结构专业设计文件应包含图纸目录、设计说明、设计图纸、计算书。

5.5.2 图纸目录

应按图纸序号排列,先列新绘制图纸,后列选用的重复利用图和标准图。

5.5.3 结构设计总说明

每一单项工程应编写一份结构设计总说明,对多子项工程应编写统一的结构设计总说明。当工程以钢结构为主或包含较多的钢结构时,应编制钢结构设计总说明。当工程较简单时,亦可将总说明的内容分散写在相关部分的图纸中。

结构设计总说明应包括以下内容:

1 工程概况

1)工程地点、工程周边环境(如轨道交通)、工程分区、主要功能;

2)各单体(或分区)建筑的长、宽、高,地上与地下层数,各层层高,结构类型、结构规则性判别,主要结构跨度,特殊结构及造型等;

3)当采用装配式结构时,应说明结构类型及采用的预制构件类型等。

2 设计依据

1)主体结构设计使用年限;

2)自然条件:基本风压、地面粗糙度、基本雪压、气温(必要时提供)、抗震设防烈度等;

3)工程地质勘察报告;

4)场地地震安全性评价报告(必要时提供);

5)风洞试验报告(必要时提供);

6)相关节点和构件试验报告(必要时提供);

7)振动台试验报告(必要时提供);

8)建设单位提出的与结构有关的符合有关标准、法规的书面要求;

9)初步设计的审查、批复文件;

10)对于超限高层建筑,应有建筑结构工程超限设计可行性论证报告的批复文件;

11)采用桩基时应按相关规范进行承载力检测并提供检测报告;

12)本专业设计所执行的主要法规和所采用的主要标准(包括标准的名称、编号、年号和版本号)。

3 图纸说明

1)图纸中标高、尺寸的单位;

2)设计 ±0.000 m 标高所对应的绝对标高值;

3)当图纸按工程分区编号时,应有图纸编号说明;

4)常用构件代码及构件编号说明;

5)各类钢筋代码说明、型钢代码及其截面尺寸标记说明;

6)混凝土结构采用平面整体表示方法时,应注明所采用的标准图名称及编号或提供标准图。

4 建筑分类等级

应说明下列建筑分类等级及所依据的规范或批文:

1)建筑结构安全等级;

2)地基基础设计等级;

3)建筑抗震设防类别;

4)主体结构类型及抗震等级;

5)地下水位标高和地下室防水等级;

6)人防地下室的设计类别、防常规武器抗力级别和防核武器抗力级别;

7)建筑防火分类等级和耐火等级；

8)混凝土构件的环境类别；

9)湿陷性黄土场地建筑物分类；

10)对超限建筑，注明结构抗震性能目标、结构及各类构件的抗震性能水准。

5　主要荷载(作用)取值及设计参数

1)楼(屋)面面层荷载、吊挂(含吊顶)荷载；

2)墙体荷载、特殊设备荷载；

3)栏杆荷载；

4)楼(屋)面活荷载；

5)风荷载(包括地面粗糙度、体型系数、风振系数等)；

6)雪荷载(包括积雪分布系数等)；

7)地震作用(包括设计基本地震加速度、设计地震分组、场地类别、场地特征周期、结构阻尼比、水平地震影响系数最大值等)；

8)温度作用及地下室水浮力的有关设计参数；

9)较重的家具、设备自重取值或限值。

6　设计计算程序

1)结构整体计算及其他计算所采用的程序名称、版本号、编制单位；

2)结构分析所采用的计算模型，多层、高层建筑整体计算的嵌固部位和底部加强区范围等。

7　主要结构材料

1)结构材料性能指标。

2)混凝土强度等级(按标高及部位说明所用混凝土强度等级)、防水混凝土的抗渗等级、轻骨料混凝土的密度等级；注明混凝土耐久性的基本要求；采用预搅拌混凝土的要求。

3)砌体的种类及其强度等级、干容重，砌筑砂浆的种类及等级，砌体结构施工质量控制等级；采用预搅拌砂浆的要求。

4)钢筋种类及使用部位、钢绞线或高强钢丝种类及其对应产品标准,其他特殊要求(如强屈比等)。

5)成品拉索、预应力结构的锚具、成品支座(如各类橡胶支座、钢支座、隔震支座等)、阻尼器等特殊产品的技术参数。

6)钢结构所用的材料见第5.5.3.10条。

7)装配式结构连接材料的种类及要求(包括连接套筒、浆锚金属波纹管、冷挤压接头性能等级要求、预制夹心外墙内的拉结件、套筒灌浆料、水泥基灌浆料性能指标,螺栓材料及规格、接缝材料及其他连接方式所使用的材料)。

8 基础及地下室工程

1)工程地质及水文地质概况,各主要土层的压缩模量及承载力特征值等;对不良地基的处理措施及技术要求,抗液化措施及要求,地基土的冰冻深度、场地土的特殊地质条件等。

2)注明基础形式和基础持力层;采用桩基时应简述桩型、桩径、桩长、桩端持力层及桩进入持力层的深度要求,设计所采用的单桩承载力特征值(必要时尚应包括竖向抗拔承载力和水平承载力)、地基承载力的检验要求(如静载试验、桩基的试桩及检测要求)等。

3)地下室抗浮(防水)设计水位及抗浮措施,施工期间的降水要求及终止降水的条件等。

4)基坑、承台坑回填要求。

5)基础大体积混凝土的施工要求。

6)当有人防地下室时,应图示人防部分与非人防部分的分界范围。

7)各类地基基础检测要求。

9 钢筋混凝土工程

1)各类混凝土构件的环境类别及其最外层钢筋的保护层厚度;

2)钢筋锚固长度、搭接长度、连接方式及要求,各类构件的钢筋锚固要求;

3)预应力构件采用后张法时的孔道做法及布置要求、灌浆要求等,预应力构件张拉端、固定端构造要求及做法,锚具防护要求等;

4)预应力结构的张拉控制应力、张拉顺序、张拉条件(如张拉时的混凝土强度等)、必要的张拉测试要求等;

5)梁、板的起拱要求及拆模条件;

6)后浇带或后浇块的施工要求(包括补浇时间要求);

7)特殊构件施工缝的位置及处理要求;

8)预留孔洞的统一要求(如补强加固要求),各类预埋件的统一要求;

9)防雷接地要求。

10 钢结构工程

1)概述采用钢结构的部位及结构形式、主要跨度等。

2)钢结构材料:钢材牌号和质量等级,以及所对应的产品标准;必要时提出物理力学性能和化学成分要求及其他要求,如 *Z* 向性能、碳当量、耐候性能、交货状态等。

3)焊接方法及材料:各种钢材的焊接方法及对所采用焊材的要求。

4)螺栓材料:注明螺栓种类、性能等级,高强螺栓的接触面处理方法、摩擦面抗滑移系数,以及各类螺栓所对应的产品标准。

5)焊钉种类及对应的产品标准。

6)应注明钢构件的成型方式(热轧、焊接、冷弯、冷压、热弯、铸造等),圆钢管种类(无缝管、直缝焊管等)。

7)压型钢板的截面形式及产品标准。

8)焊缝质量等级及焊缝质量检查要求。

9)钢构件制作要求。

10）钢结构安装要求，对跨度较大的钢构件必要时提出起拱要求。

11）涂装要求：注明除锈方法及除锈等级以及对应的标准；注明防腐底漆的种类、干漆膜最小厚度和产品要求；当存在中间漆和面漆时，也应分别注明其种类、干漆膜最小厚度和要求；注明各类钢构件所要求的耐火极限、防火涂料类型及产品要求；注明防腐年限及定期维护要求。

12）钢结构主体与围护结构的连接要求。

13）必要时，应提出结构检测要求和特殊节点的试验要求。

11　砌体工程

1）砌体墙的材料种类、厚度、成墙后的墙重限制。

2）砌体填充墙与框架梁、柱、剪力墙的连接要求或注明所引用的标准图。

3）砌体墙上门窗洞口过梁要求或注明所引用的标准图。

4）需要设置的构造柱、圈梁（拉梁）要求及附图或注明所引用的标准图。

12　检测（观测）要求

1）沉降观测要求；

2）大跨结构及特殊结构的检测、施工和使用阶段的健康监测要求；

3）高层、超高层结构应根据情况补充日照变形观测等特殊变形要求观测要求；

4）基桩的检测。

13　施工需特别注意的问题。

14　有基坑时应对基坑设计提出技术要求。

15　当项目按绿色建筑要求建设时，应有绿色建筑设计说明：

1）按照《建筑抗震设计规范》GB50011 的建筑体型规则性划分规定说明建筑体型的规则性。

2）说明设计使用的可再利用和可再循环建筑材料的应用范围及用量比例。如：预搅拌混凝土的适用范围、预搅拌砂浆的使用情况、钢筋选用原则以及设计使用高强度材料的名称及范围、设计使用高耐久性建筑结构材料的名称和范围；说明设计所采用的工程化建筑预制构件名称及其应用范围。

16 当项目按装配式结构要求建设时，应有装配式结构设计专项说明：

1）设计依据及配套图集

①装配式结构采用的主要法规和主要标准（包括标准的名称、编号、年号和版本号）；

②配套的相关图集（包括图集的名称、编号、年号和版本号）；

③采用的材料及性能要求；

④预制构件详图及加工图。

2）预制构件的生产和检验要求。

3）预制构件的运输和堆放要求。

4）预制构件现场安装要求。

5）装配式结构验收要求。

5.5.4 基础平面图

1 绘出定位轴线、基础构件（包括承台、基础梁等）的位置、尺寸、底标高、构件编号，基础底标高不同时，应绘出放坡示意图；表示施工后浇带的位置及宽度。

2 标明砌体结构墙与墙垛、柱的位置与尺寸、编号；混凝土结构可另绘结构墙、柱平面定位图，并注明截面变化关系尺寸。

3 标明地沟、地坑和已定设备基础的平面位置、尺寸、标高，预留孔与预埋件的位置、尺寸、标高。

4 需进行沉降观测时注明观测点位置（宜附测点构造详图）。

5 基础设计说明应包括基础持力层及基础进入持力层的深

度，地基的承载力特征值，持力层验槽要求，基底及基槽回填土的处理措施与要求，以及对施工的有关要求等。

6 采用桩基时应绘出桩位平面位置、定位尺寸及桩编号；先做试桩时，应单独绘制试桩定位平面图。

7 当采用人工复合地基时，应绘出复合地基的处理范围和深度，置换桩的平面布置及其材料和性能要求、构造详图；注明复合地基的承载力特征值及变形控制值等有关参数和检测要求。

当复合地基另由有设计资质的单位设计时，基础设计方应对经处理的地基提出承载力特征值和变形控制值的要求及相应的检测要求。

5.5.5 基础详图

1 砌体结构无筋扩展基础应绘出剖面、基础圈梁、防潮层位置，并标注总尺寸、分尺寸、标高及定位尺寸。

2 扩展基础应绘出平、剖面及配筋、基础垫层，标注总尺寸、分尺寸、标高及定位尺寸等。

3 桩基应绘出桩详图、承台详图及桩与承台的连接构造详图。桩详图包括桩顶标高、桩长、桩身截面尺寸、配筋、预制桩的接头详图，并说明地质概况、桩持力层及桩端进入持力层的深度、成桩的施工要求、桩基的检测要求，注明单桩的承载力特征值（必要时尚应包括竖向抗拔承载力及水平承载力）。先做试桩时，应单独绘制试桩详图并提出试桩要求。承台详图包括平面、剖面、垫层、配筋，标注总尺寸、分尺寸、标高及定位尺寸。

4 筏基、箱基可参照相应图集表示，但应绘出承重墙、柱的位置。当要求设后浇带时应表示其平面位置并绘制构造详图。对箱基和地下室基础，应绘出钢筋混凝土墙的平面、剖面及其配筋，当预留孔洞、预埋件较多或复杂时，可另绘墙的模板图。

5 基础梁可按相应图集表示。

注：对形状简单、规则的无筋扩展基础、扩展基础、基础梁和承台板，也可

用列表方法表示。

5.5.6 结构平面图

1 一般建筑的结构平面图,均应有各层结构平面图及屋面结构平面图(钢结构平面图要求见第5.5.10条),具体内容为:

1)绘出定位轴线及梁、柱、承重墙、抗震构造柱位置及必要的定位尺寸,并注明其编号和楼面结构标高。

2)装配式建筑墙柱结构布置图中用不同的填充符号标明预制构件和现浇构件,采用预制构件时注明预制构件的编号,给出预制构件编号与型号对应关系以及详图索引号。预制板的跨度方向、板号、数量及板底标高,标出预留洞大小及位置;预制梁、洞口过梁的位置和型号、梁底标高。

3)现浇板应注明板厚、板面标高、配筋(亦可另绘放大的配筋图,必要时应将现浇楼面模板图和配筋图分别绘制),标高或板厚变化处绘局部剖面,有预留孔、埋件、已定设备基础时应表示出规格与位置,洞边加强措施,当预留孔、埋件、设备基础复杂时亦可另绘详图;必要时尚应在平面图中表示施工后浇带的位置及宽度;电梯间机房尚应表示吊钩平面位置与详图。

4)砌体结构有圈梁时应注明位置、编号、标高,可用小比例绘制单线平面示意图。

5)楼梯间可绘斜线注明编号与所在详图号。

6)屋面结构平面布置图内容与楼层平面类同,当结构找坡时应标注屋面板的坡度、坡向、坡向起终点处的板面标高,当屋面上有留洞或其他设施时应绘出其位置、尺寸与详图,女儿墙或女儿墙构造柱的位置、编号及详图。

7)当选用标准图中节点或另绘节点构造详图时,应在平面图中注明详图索引号。

8)人防地下室平面中应标明人防区和非人防区,注明人防墙名称(如临空墙)与编号。

2　单层空旷房屋应绘制构件布置图及屋面结构布置图，应有以下内容：

1）构件布置应表示定位轴线，墙、柱、天桥、过梁、门樘、雨篷、柱间支撑、连系梁等的布置、编号、构件标高及详图索引号，并加注有关说明等；必要时应绘制剖面、立面结构布置图。

2）屋面结构布置图应表示定位轴线、屋面结构构件的位置及编号、支撑系统布置及编号、预留孔洞的位置、尺寸、节点详图索引号，有关的说明等。

5.5.7　钢筋混凝土构件详图

1　现浇构件（现浇梁、板、柱及墙等详图）应绘出：

1）纵剖面、长度、定位尺寸、标高及配筋，梁和板的支座（可利用标准图中的纵剖面图）；现浇预应力混凝土构件尚应绘出预应力筋定位图并提出锚固及张拉要求。

2）横剖面、定位尺寸、断面尺寸、配筋（可利用标准图中的横剖面图）。

3）必要时绘制墙体立面图。

4）当钢筋较复杂，不易表示清楚时，宜将钢筋分离绘出。

5）对构件受力有影响的预留洞、预埋件，应注明其位置、尺寸、标高、洞边配筋及预埋件编号等。

6）曲梁或平面折线梁宜绘制放大平面图，必要时可绘展开详图。

7）一般的现浇结构的梁、柱、墙可采用“平面整体表示法”绘制，标注文字较密时，纵、横向梁宜分二幅平面绘制。

8）除总说明已叙述外需特别说明的附加内容，尤其是与所选用标准图不同的要求（如钢筋锚固要求、构造要求等）。

9）对建筑非结构构件及建筑附属机电设备与结构主体的连接，应绘制连接或锚固详图。

注：非结构构件自身的抗震设计，由相关专业人员分别负责进行。

2　预制构件应绘出:

1)构件模板图:应表示模板尺寸、预留洞及预埋件位置、尺寸,预埋件编号、必要的标高等;后张预应力构件尚需表示预留孔道的定位尺寸、张拉端、锚固端等。

2)构件配筋图:纵剖面表示钢筋形式、箍筋直径与间距,配筋复杂时宜将非预应力筋分离绘出,横剖面注明断面尺寸、钢筋规格、位置、数量等。

3)需做补充说明的内容。

注:对形状简单、规则的现浇或预制构件,在满足上述规定前提下,可用列表法绘制。

5.5.8　混凝土结构节点构造详图

1　对于现浇钢筋混凝土结构应绘制节点构造详图(可引用标准设计、通用图集中的详图)。

2　预制装配式结构的节点,梁、柱与墙体锚拉等详图应绘出平、剖面,注明相互定位关系,构件代号、连接材料、附加钢筋(或埋件)的规格、型号、性能、数量,并注明连接方法以及对施工安装、后浇混凝土的有关要求等。

3　需做补充说明的内容。

5.5.9　其他图纸

1　楼梯图:应绘出每层楼梯结构平面布置及剖面图,注明尺寸、构件代号、标高;梯梁、梯板详图(可用列表法绘制)。

2　预埋件:应绘出其平面、侧面或剖面,注明尺寸、钢材和锚筋的规格、型号、性能、焊接要求。

3　特种结构和构筑物:如水池、水箱、烟囱、烟道、管架、地沟、挡土墙、筒仓、大型或特殊要求的设备基础、工作平台等,均宜单独绘图;应绘出平面、特征部位剖面及配筋,注明定位关系、尺寸、标高、材料品种和规格、型号、性能。

5.5.10 钢结构设计施工图

钢结构设计施工图的内容和深度应能满足进行钢结构制作详图设计的要求。钢结构制作详图一般应由具有钢结构专项设计资质的加工制作单位完成,也可由具有该项资质的其他单位完成,其设计深度由制作单位确定。钢结构设计施工图不包括钢结构制作详图的内容。

钢结构设计施工图应包括以下内容:

1 钢结构设计总说明:以钢结构为主或钢结构(包括钢骨结构)较多的工程,应单独编制钢结构(包括钢骨结构)设计总说明,应包括第5.5.3条结构设计总说明中有关钢结构的内容。

2 基础平面图及详图:应表达钢柱的平面位置及其与下部混凝土构件的连接构造详图。

3 结构平面(包括各层楼面、屋面)布置图:应注明定位关系、标高、构件(可用粗单线绘制)的位置、构件编号及截面形式和尺寸、节点详图索引号等;必要时应绘制檩条、墙梁布置图和关键剖面图;空间网架应绘制上、下弦杆及腹杆平面图和关键剖面图,平面图中应有杆件编号及截面形式和尺寸、节点编号及形式和尺寸。

4 构件与节点详图

1)简单的钢梁、柱可用统一详图和列表法表示,注明构件钢材牌号、必要的尺寸、规格,绘制各种类型连接节点详图(可引用标准图);

2)格构式构件应绘出平面图、剖面图、立面图或立面展开图(对弧形构件),注明定位尺寸、总尺寸、分尺寸,注明单构件型号、规格,绘制节点详图和与其他构件的连接详图;

3)节点详图应包括:连接板厚度及必要的尺寸、焊缝要求,螺栓的型号及其布置,焊钉布置等。

5.5.11 计算书

1 采用手算的结构计算书,应给出构件平面布置简图和计算简图、荷载取值的计算或说明;结构计算书内容宜完整、清楚,计算步骤要条理分明,引用数据有可靠依据,采用计算图表及不常用的计算公式,应注明其来源出处,构件编号、计算结果应与图纸一致。

2 当采用计算机程序计算时,应在计算书中注明所采用的计算程序名称、代号、版本及编制单位,计算程序必须经过有效审定(或鉴定),电算结果应经分析认可;总体输入信息、计算模型、几何简图、荷载简图和输出结果应整理成册。

3 采用结构标准图或重复利用图时,宜根据图集的说明,结合工程进行必要的核算工作,且应作为结构计算书的内容。

4 所有计算书应校审,并由设计、校对、审核人(必要时包括审定人)在计算书封面上签字,作为技术文件归档。

5 当项目按绿色建筑设计时,应计算设计采用的高强度材料和高耐久性建筑结构材料用量比例。

5.6 建筑电气

5.6.1 在施工图设计阶段,建筑电气专业设计文件图纸部分应包括图纸目录、设计说明、设计图、主要设备表,电气计算部分出计算书。

5.6.2 图纸目录:应分别以系统图、平面图等按图纸序号排列,先列新绘制图纸,后列选用的重复利用图和标准图。

5.6.3 设计说明

1 工程概况:初步(或方案)设计审批定案的主要指标。

2 设计依据(内容见第4.7.2条第1款及内装专业提供的平、立、剖面图,节点详图,设备定位图等)。

3 设计范围。

4 设计内容(应包括建筑电气各系统的主要指标)。

5 各系统的施工要求和注意事项(包括线路选型、敷设方式及设备安装等)。

6 设备主要技术要求(亦可附在相应图纸上)。

7 防雷、接地及安全措施(亦可附在相应图纸上)。

8 电气节能及环保措施。

9 绿色建筑电气设计

1)绿色建筑设计目标;

2)建筑电气设计采用的绿色建筑技术措施;

3)建筑电气设计所达到的绿色建筑技术指标。

10 与相关专业的技术接口要求。

11 智能化设计

1)智能化系统设计概况;

2)智能化各系统的供电、防雷及接地等要求;

3)智能化各系统与其他专业设计的分工界面、接口条件;

4)智能化各系统户内网络设计要求;

5)智能化各系统智能信息配线箱设计要求。

12 其他专项设计、深化设计

1)其他专项设计、深化设计概况;

2)建筑电气与其他专项、深化设计的分工界面及接口要求。

5.6.4 图例符号(应包括设备选型、规格及安装等信息)。

5.6.5 电气总平面图(仅有单体设计时,可无此项内容)

1 标注建筑物、构筑物名称或编号、层数,注明各处标高、道路、地形等高线和用户的安装容量。

2 标注变、配电站的位置、编号,变压器台数、容量,发电机台数、容量,室外配电箱的编号、型号,室外照明灯具的规格、型号、容量。

3 架空线路应标注线路规格及走向、回路编号、杆位编号、档数、档距、杆高、拉线、重复接地、避雷器等(附标准图集选择表)。

4 电缆线路应标注线路走向、回路编号、敷设方式、人(手)孔型号、位置。

5 比例、指北针。

6 图中未表达清楚的内容可随图做补充说明。

5.6.6 变、配电站设计图

1 高、低压配电系统图(一次线路图)

图中应标明变压器、发电机的型号、规格,母线的型号、规格;标明开关、断路器、互感器、继电器、电工仪表(包括计量仪表)等的型号、规格、整定值(此部分也可标注在图中表格中)。

图下方表格标注开关柜编号、开关柜型号、回路编号、设备容量、计算电流、导体型号及规格、敷设方法、用户名称、二次原理图方案号(当选用分隔式开关柜时,可增加小室高度或模数等相应栏目)。

2 平、剖面图

按比例绘制变压器、发电机、开关柜、控制柜、直流及信号柜、补偿柜、支架、地沟、接地装置等平面布置、安装尺寸等,以及变、配电站的典型剖面,当选用标准图时,应标注标准图编号、页次;标注进出线回路编号、敷设安装方法,图纸应有设备明细表、主要轴线、尺寸、标高、比例。

3 继电保护及信号原理图

继电保护及信号二次原理方案号,宜选用标准图、通用图。当需要对所选用标准图或通用图进行修改时,仅需绘制修改部分并说明修改要求。

控制柜、直流电源及信号柜、操作电源均应选用标准产品,图中标示相关产品型号、规格和要求。

4 配电干线系统图

以建筑物、构筑物为单位,自电源点开始至终端配电箱止,按设备所处相应楼层绘制,应包括变、配电站变压器编号、容量,发电机编号、容量，各处终端配电箱编号、容量，自电源点引出回路编号。

5 相应图纸说明

图中表达不清楚的内容，可随图做相应说明。

5.6.7 配电、照明设计图

1 配电箱（或控制箱）系统图，应标注配电箱编号、型号，进线回路编号；标注各元器件型号、规格、整定值；配出回路编号、导线型号规格、负荷名称等（对于单相负荷应标明相别），对有控制要求的回路应提供控制原理图或控制要求；当数量较少时，上述配电箱（或控制箱）系统内容在平面图上标注完整的，可不单独出配电箱（或控制箱）系统图。

2 配电平面图应包括建筑门窗、墙体、轴线、主要尺寸，房间名称，工艺设备编号及容量；布置配电箱、控制箱，并注明编号；绘制线路始、终位置（包括控制线路），标注回路编号、敷设方式（需强调时）；凡需专项设计场所，其配电和控制设计图随专项设计，但配电平面图上应相应标注预留的配电箱，并标注预留容量；图纸应有比例。

3 照明平面图应包括建筑门窗、墙体、轴线、主要尺寸、标注房间名称、绘制配电箱、灯具、开关、插座、线路等平面布置，标明配电箱编号，干线、分支线回路编号；但配电或照明平面图上应相应标注预留的照明配电箱，并标注预留容量；套内电气设备定位尺寸；图纸应有比例。

4 图中表达不清楚的，可随图做相应说明。

5.6.8 建筑设备控制原理图

1 建筑电气设备控制原理图，有标准图集的可直接标注图集方案号或者页次

1）控制原理图应注明设备明细表；

2）选用标准图集时若有不同处应做说明。

2　建筑设备监控系统及系统集成设计图

1)监控系统方框图绘至DDC站;

2)随图说明相关建筑设备监控(测)要求、点数,DDC站位置。

5.6.9　防雷、接地及安全设计图

1　绘制建筑物顶层平面,应有主要轴线号、尺寸、标高、标注接闪杆、接闪器、引下线位置。注明材料型号规格和所涉及的标准图编号、页次,图纸应标注比例。

2　绘制接地平面图(可与防雷顶层平面重合),绘制接地线、接地极、测试点、断接卡等的平面位置,标明材料型号、规格、相对尺寸等及涉及的标准图编号、页次,图纸应标注比例。

3　当利用建筑物(或构筑物)钢筋混凝土内的钢筋作为防雷接闪器、引下线、接地装置时,应标注连接方式,接地电阻测试点,预埋件位置及敷设方式,注明所涉及的标准图编号、页次。

4　随图说明可包括:防雷类别和采取的防雷措施(包括防侧击雷、防雷击电磁脉冲、防高电位引入);接地装置形式、接地极材料要求、敷设要求、接地电阻值要求;当利用桩基、基础内钢筋做接地极时,应采取的措施。

5　除防雷接地外的其他电气系统的工作或安全接地的要求,如果采用共用接地装置,应在接地平面图中叙述清楚,交代不清楚的应绘制相应图纸。

5.6.10　电气消防

1　电气火灾监控系统

1)应绘制系统图,以及各监测点名称、位置等;

2)一次部分绘制并标注在配电箱系统图上;

3)在平面图上应标注或说明监控线路型号、规格及敷设要求。

2　消防设备电源监控系统

1)应绘制系统图,以及各监测点名称、位置等;

2）电气火灾探测器绘制并标注在配电箱系统图上；

3）在平面图上应标注或说明监控线路型号、规格及敷设要求。

3　防火门监控系统

1）防火门监控系统图、施工说明；

2）各层平面图，应包括设备及器件布点、连线，线路型号、规格及敷设要求。

4　火灾自动报警系统

1）火灾自动报警及消防联动控制系统图、施工说明、报警及联动控制要求；

2）各层平面图，应包括设备及器件布点、连线，线路型号、规格及敷设要求。

5　消防应急广播

1）消防应急广播系统图、施工说明；

2）各层平面图，应包括设备及器件布点、连线，线路型号、规格及敷设要求。

5.6.11　智能化各系统设计

1）智能化各系统及其子系统的系统框图；

2）智能化各系统及其子系统的干线桥架走向平面图；

3）智能化各系统及其子系统竖井布置分布图。

5.6.12　主要电气设备表

注明主要电气设备的名称、型号、规格、单位、数量。

5.6.13　计算书

施工图设计阶段的计算书，计算内容同初设要求。

5.6.14　当采用装配式建筑技术设计时，应明确装配式建筑设计电气专项内容：

1）明确装配式建筑电气设备的设计原则及依据；

2）对预埋在建筑预制墙及现浇墙内的电气预埋箱、盒、孔洞、沟槽及管线等要有做法标注及详细定位；

3)预埋管、线、盒及预留孔洞、沟槽及电气构件间的连接做法；

4)墙内预留电气设备时的隔声及防火措施，设备管线穿过预制构件部位采取相应的防水、防火、隔声、保温等措施；

5)采用预制结构柱内钢筋作为防雷引下线时，应绘制预制结构柱内防雷引下线间连接大样，标注所采用防雷引下线钢筋、连接件规格以及详细做法。

5.6.15 应结合室内设计将电气及智能化设备点位和管线设计到位，并进行定位。

5.7 给水排水

5.7.1 在施工图设计阶段，建筑给水排水专业设计文件应包括图纸目录、施工图设计说明、设计图纸、设备及主要材料表、计算书。

5.7.2 图纸目录：绘制设计图纸目录、选用的标准图目录及重复利用图纸目录。

5.7.3 设计总说明

1 设计总说明

设计总说明可分为设计说明、施工说明两部分。

1)设计依据

①已批准的初步设计（或方案设计）文件（注明文号）。

②建设单位提供有关资料和设计任务书。

③本专业设计所采用的主要规范、标准（包括标准的名称、编号、年号和版本号）。

④工程可利用的市政条件或设计依据的市政条件：说明接入的市政给水管根数、接入位置、管径、压力，或生活、生产、室内和室外消防给水来源情况；说明污、废水排至市政排水管或排放需要达到的水质要求及污、废水预处理措施，进行污水处理或中水回用时

达到需要的水质标准及采取的技术措施。

⑤建筑和有关专业提供的条件图和有关资料。

2)工程概况:内容参照初步设计。

3)设计范围:内容参照初步设计。

4)给水排水系统简介:

主要的技术指标(如最高日用水量、平均时用水量、最大时用水量,各给水系统的设计流量、设计压力,最高日生活污水排水量,雨水暴雨强度公式及排水设计重现期、设计雨水流量,设计小时耗热量、热水用水量、循环冷却水量及补水量,各消防系统的设计参数、消防用水量及消防总用水量等);

设计采用的系统简介、系统运行控制方法等。

5)说明主要设备、管材、器材、阀门等的选型。

6)说明管道敷设、设备、管道基础,管道支吊架及支座,管道、设备的防腐蚀、防冻和防结露保温,管道、设备的试压和冲洗等。

7)建筑节能、节水、环保、人防、卫生防疫等专篇中涉及的给水排水内容。

8)绿色建筑设计:

当项目按绿色建筑要求建设时,应有绿色建筑设计说明。

①设计依据;

②绿色建筑设计的项目特点与定位;

③给水排水专业相关的绿色建筑技术选项内容及技术措施;

④需在其他子项或专项设计、二次深化设计中完成的内容(如中水处理、雨水收集回用等),以及相应设计参数、技术要求。

9)需专项设计及二次深化设计的系统应提出设计要求。

10)凡不能用图示表达的施工要求,均应以设计说明表述。

11)有特殊需要说明的可分列在有关图纸上。

2 图例

5.7.4 建筑小区(室外)给水排水总平面图

1 绘制各建筑物的外形、名称、位置、标高、道路及其主要控制点坐标、标高、坡向，指北针（或风玫瑰图），比例。

2 绘制给水排水管网及构筑物的位置（坐标或定位尺寸）；备注构筑物的主要尺寸。

3 对较复杂工程，可将给水、排水（雨水、污废水）总平面图分开绘制，以便于施工（简单工程可绘在一张图上）。

4 标明给水管管径、阀门井、水表井、消火栓（井）、消防水泵接合器（井）等。

5 排水管标注主要检查井编号、水流坡向、管径，标注管道接口处市政管网（检查井）的位置、标高、管径等。

5.7.5 室外排水管道高程表或纵断面图

1 排水管道绘制高程表，将排水管道的主要检查井编号、井距、管径、坡度、设计地面标高、管内底标高、管道埋深等写在表内。

简单的工程，可将上述内容（管道埋深除外）直接标注在平面图上，不列表。

2 对地形复杂的排水管道以及管道交叉较多的给水排水管道，宜绘制管道纵断面图。图中应表示出主要检查井编号、井距、管径、坡度、设计地面标高、管道标高（给水管道注管中心，排水管道注管内底）、管道埋深、管材、接口形式、管道基础、管道平面示意，并标出交叉管的管径、位置、标高；纵断面图比例宜为竖向1∶50或1∶100，横向1∶500（或与总平面图的比例一致）。

5.7.6 自备水源取水工程

自备水源取水工程，应按照《市政公用工程设计文件编制深度规定》要求，另行专项设计。

5.7.7 雨水控制与利用及各净化建筑物、构筑物平、剖面及详图

分别绘制各建筑物、构筑物的平、剖面及详图，图中表示出工艺设备布置、各细部尺寸、标高、构造、管径及管道穿池壁预埋管管径或加套管的尺寸、位置、结构形式和引用详图。

5.7.8 水泵房平面、剖面图

1 平面图

应绘出水泵基础外框及编号、管道位置,列出设备及主要材料表,标出管径、阀件、起吊设备、计量设备等位置、尺寸。如需设真空泵或其他引水设备,要绘出有关的管道系统和平面位置及排水设备。

2 剖面图

绘出水泵基础剖面尺寸、标高,水泵轴线、管道、阀门安装标高,防水套管位置及标高。简单的泵房,用系统轴测图能交代清楚时,可不绘剖面图。

3 管径较大时宜绘制双线图。

5.7.9 水塔(箱)、水池配管及详图

分别绘出水塔(箱)、水池的形状、工艺尺寸、进水、出水、泄水、溢水、透气、水位计、水位信号传输器等平面、剖面图或系统轴测图及详图,标注管径、标高、最高水位、最低水位、消防储备水位等及贮水容积。

5.7.10 循环水构筑物的平面、剖面及系统图

有循环水系统时,应绘出循环冷却水系统的构筑物(包括用水设备、冷却塔等)、循环水泵房及各种循环管道的平面、剖面及系统图(或展开系统原理图)(当绘制系统轴测图时,可不绘制剖面图),并标注相关设计参数。

5.7.11 污水处理

如有集中的污水处理,应按照《市政公用工程设计文件编制深度规定》要求,另行专项设计。

5.7.12 建筑室内给水排水图纸

1 平面图

1)应绘出与给水排水、消防给水管道布置有关各层的平面,内容包括主要轴线编号、房间名称、用水点位置,注明各种管道系

统编号(或图例);

2)应绘出给水排水、消防给水管道平面布置、立管位置及编号,管道穿剪力墙处定位尺寸、标高,预留孔洞尺寸及其他必要的定位尺寸,管道穿越建筑物地下室外墙或有防水要求的构(建)筑物的防水套管形式、套管管径、定位尺寸、标高等;

3)当采用展开系统原理图时,应标注管道管径、标高,在给水排水管道安装高度变化处用符号表示清楚,并分别标出标高(排水横管应标注管道坡度、起点或终点标高),管道密集处应在该平面中画横断面图将管道布置定位表示清楚;

4)底层(首层)等平面应注明引入管、排出管、水泵接合器管道等管径、标高及与建筑物的定位尺寸,还应绘出指北针,引入管应标注管道设计流量和水压值;

5)标出各楼层建筑平面标高(如卫生设备间平面标高不同,应另加注或用文字说明)和层数,建筑灭火器放置地点(也可在总说明中交代清楚);

6)若管道种类较多,可分别绘制给水排水平面图和消防给水平面图;

7)需要专项设计(含二次深化设计)时,应在平面图上注明位置,包括预留孔洞、设备与管道接口位置及技术参数。

2　系统图

系统图可按系统原理图或系统轴测图绘制。

1)系统原理图

对于给水排水系统和消防给水系统等,采用原理图或展开系统原理图将设计内容表达清楚时,绘制(展开)系统原理图。

图中标明立管和横管的管径、立管编号、楼层标高、层数、室内外地面标高、仪表及阀门、各系统进出水管编号、各楼层卫生设备和工艺用水设备的连接,排水管还应标注立管检查口,通风帽等距地(板)高度及排水横管上的竖向转弯和清扫口等。

2）系统轴测图

对于给水排水系统和消防给水系统，也可按比例分别绘出各种管道系统轴测图。图中标明管道走向、管径、仪表及阀门、伸缩节、固定支架、控制点标高和管道坡度（设计说明中已交代者，图中可不标注管道坡度）、各系统进出水管编号、立管编号、各楼层卫生设备和工艺用水设备的连接点位置。

复杂的连接点应局部放大绘制；在系统轴测图上，应注明建筑楼层标高、层数、室内外地面标高；引入管道应标注管道设计流量和水压值。

3）当自动喷水灭火系统在平面图中已将管道管径、标高、喷头间距和位置标注清楚时，可简化绘制从水流指示器至末端试水装置（试水阀）等阀件之间的管道和喷头。

4）简单管段在平面上注明管径、坡度、走向、进出水管位置及标高，引入管设计流量和水压值，可不绘制系统图。

3　局部放大图

对于给水排水设备用房及管道较多处，如水泵房、水池、水箱间、热交换器站、卫生间、水处理间、游泳池、水景、冷却塔布置、冷却循环水泵房、热泵热水、太阳能热水、雨水利用设备间、报警阀组、管井、气体消防贮瓶间等，当平面图不能交代清楚时，应绘出局部放大平面图；可绘出其平面图、剖面图（或轴测图、卫生间管道也可绘制展开图），或注明引用的详图、标准图号。

管径较大且系统复杂的设备用房宜绘制双线图。

5.7.13　设备及主要材料表

给出使用的设备、主要材料、器材的名称、性能参数、计数单位、数量、备注等。

5.7.14　计算书

根据初步设计审批意见进行施工图阶段设计计算。

5.7.15　当采用装配式建筑技术设计时，应明确装配式建筑设计给水排水专项内容：

1 明确装配式建筑给水排水设计的原则及依据。

2 对预埋在建筑预制墙及现浇墙内的预留孔洞、沟槽及管线等要有做法标注及详细定位。

3 预埋管、线、孔洞、沟槽间的连接做法。

4 墙内预留给水排水设备时的隔声及防水措施，管线穿过预制构件部位采取相应的防水、防火、隔声、保温等措施。

5 与相关专业的技术接口要求。

5.7.16 成品住宅给水排水应明确以下设计内容：

1 应结合室内设计将给水排水点位设计到位，并进行定位。

2 套内给水、热水和排水等管线应设计到位，墙面或楼板内暗敷的给水、热水管线应定位。

3 对楼板和隔墙上的预留孔洞应表示出做法、标注及定位。

4 卫生间、厨房等部位的冷、热水支管宜隐蔽，具体安装方式按优先等级依次为：管道固定于墙面、顶板等建筑主体上，利用橱柜、吊顶及假墙等建筑部品遮挡隐藏；管道暗埋在墙面内。管线在墙面内暗埋的宜预留管槽，如需现场切槽应遵守以下原则：严禁在剪力墙上切槽；严禁在砌体墙上横向切槽。

5 与相关专业的技术接口要求。

5.8 供暖通风与空气调节

5.8.1 在施工图设计阶段，供暖通风与空气调节专业设计文件应包括图纸目录、设计与施工说明、设备表、设计图纸、计算书。

5.8.2 图纸目录

先列新绘图纸，后列选用的标准图或重复利用图。

5.8.3 设计说明和施工说明

1 设计说明

1）设计依据

①摘述设计任务书和其他依据性资料中与供暖通风和空气调节专业有关的主要内容；

②与本专业有关的批准文件和建设单位提出的符合有关法规、标准的要求；

③本专业设计所执行的主要法规和所采用的主要标准等(包括标准的名称、编号、年号和版本号)；

④其他专业提供的设计资料等。

2)施工说明

简述工程建设地点、建筑面积、规模、建筑防火类别、使用功能、层数、建筑高度等。

3)设计内容和范围

根据设计任务书和有关设计资料,说明本专业设计的内容、范围以及与有关专业的设计分工。当本专业的设计内容分别由两个或两个以上的单位承担设计时,应明确交接配合的设计分工范围。

4)室内外设计参数(同第4.9.2条第4款)。

5)供暖

①供暖热负荷、折合耗热量指标；

②热源设置情况,热媒参数、热源系统工作压力及供暖系统总阻力；

③供暖系统水处理方式、补水定压方式、定压值(气压罐定压时注明工作压力值)等；

注:气压罐定压时,工作压力值指补水泵启泵压力、补水泵停泵压力、电磁阀开启压力和安全阀开启压力。

④设置供暖的房间及供暖系统形式、管道敷设方式；

⑤供暖热计量及室温控制,供暖系统平衡、调节手段；

⑥供暖设备、散热器类型等。

6)空调

①空调冷、热负荷,折合耗冷、耗热量指标；

②空调冷、热源设置情况，热媒、冷媒及冷却水参数，系统工作压力等；

③空调系统水处理方式、补水定压方式、定压值(气压罐定压时注明工作压力值)等；

④各空调区域的空调方式，空调风系统简述等；

⑤空调水系统设备配置形式和水系统制式，水系统平衡、调节手段等。

7)通风

①设置通风的区域及通风系统形式；

②通风量或换气次数；

③通风系统设备选择和风量平衡。

8)监测与控制要求，有自动监控时，确定各系统自动监控原则(就地或集中监控)，说明系统的使用操作要点等。

9)防排烟

①简述设置防排烟的区域及其方式；

②防排烟系统风量确定；

③防排烟系统及其设施配置；

④控制方式简述；

⑤暖通空调系统的防火措施。

10)空调通风系统的防火、防爆措施。

11)节能设计

节能设计采用的各项措施、技术指标，包括有关节能设计标准中涉及的强制性条文的要求。

12)绿色建筑设计

当项目按绿色建筑要求建设时，说明绿色建筑设计目标，采用的主要绿色建筑技术和措施。

13)废气排放处理措施。

14)设备降噪、减振要求，管道和风道减振做法要求等。

15）需专项设计及二次深化设计的内容应提出设计要求。

2 施工说明

施工说明应包括以下内容：

1）设计中使用的管道、风道、保温材料等材料选型及做法；

2）设备表和图例没有列出或没有标明性能参数的仪表、管道附件等的选型；

3）系统工作压力和试压要求；

4）图中尺寸、标高的标注方法；

5）施工安装要求及注意事项，大型设备安装要求及预留进、出运输通道；

6）采用的标准图集，施工及验收依据。

3 图例。

4 当本专业的设计内容分别由两个或两个以上的单位承担设计时，应明确交接配合的设计分工范围。

5.8.4 设备表（见表4.9.3），施工图阶段性能参数栏应注明详细的技术数据。

5.8.5 平面图

1 绘出建筑轮廓、主要轴线号、轴线尺寸、室内外地面标高、房间名称，底层平面图上绘出指北针。

2 供暖平面绘出散热器位置、户式燃气供暖热水炉位置，注明散热器片数或长度、供暖干管及立管位置、编号、管道的阀门、放气、泄水、固定支架、伸缩器、入口装置、管沟及检查孔位置，注明管道管径及标高。

对于地板辐射供暖，绘出分集水器位置及与其连接的供暖管道、伸缩缝设置位置、室温温控器的位置，标明地埋管道环路的敷设长度、间距及管径或规格。

3 通风、空调、防排烟风道平面用双线绘出风道，复杂的平面应标出气流方向。标注风道尺寸（圆形风道注管径、矩形风道注宽×高)、主要风道定位尺寸、标高及风口尺寸,各种设备及风口安装的定位尺寸和编号,消声器、调节阀、防火阀等各种部件位置,标注风口设计风量(当区域内各风口设计风量相同时也可按区域标注设计风量)。

4 风道平面应表示出防火分区,排烟风道平面还应表示出防烟分区。

5 空调管道平面单线绘出空调冷热水、冷媒、冷凝水等管道,绘出立管位置和编号,绘出管道的阀门、放气、泄水、固定支架、伸缩器等,注明管道管径、标高及主要定位尺寸。

6 多联式空调系统应绘制冷媒管和冷凝水管。

7 与通风空调系统设计相关的工艺或局部的建筑使用功能未确定时,设计可预留通风空调系统设置的必要条件,如土建机房、井道及配电等。在工艺或局部的建筑使用功能确定后再进行相应的系统设计。

5.8.6 通风、空调、制冷机房平面图和剖面图

1 机房图应根据需要增大比例,绘出通风、空调、制冷设备(如冷水机组、新风机组、空调器、冷热水泵、冷却水泵、通风机、消声器、水箱等)的轮廓位置及编号,注明设备外形尺寸和基础距离墙或轴线的尺寸。

2 绘出连接设备的风道、管道及走向,注明尺寸和定位尺寸、管径、标高,并绘制管道附件(各种仪表、阀门、柔性短管、过滤器等)。

3 当平面图不能表达复杂管道、风道相对关系及竖向位置时,应绘制剖面图。

4 剖面图应绘出对应于机房平面图的设备、设备基础、管道和附件,注明设备和附件编号以及详图索引编号,标注竖向尺寸和标高,当平面图设备、风道、管道等尺寸和定位尺寸标注不清时,应在剖面图标注。

5.8.7 系统图、立管或竖风道图

1 分户热计量的户内供暖系统或小型供暖系统，当平面图不能表示清楚时应绘制系统透视图，比例宜与平面图一致，按45°或30°轴侧投影绘制；多层、高层建筑的集中供暖系统，应绘制供暖立管图，并编号。上述图纸应注明管径、坡度、标高、散热器型号和数量。

2 冷热源系统、空调水系统及复杂的或平面表达不清的风系统应绘制系统流程图。系统流程图应绘出设备、阀门、计量和现场观测仪表、配件，标注介质流向、管径及设备编号。流程图可不按比例绘制，但管路分支及与设备的连接顺序应与平面图相符。

3 空调冷热水分支水路采用竖向输送时，应绘制立管图，并编号，注明管径、标高及所接设备编号。

4 供暖、空调冷热水立管图应标注伸缩器、固定支架的位置。

5 空调、通风、制冷系统有自动监控要求时，宜绘制控制原理图，图中以图例绘出设备、传感器及执行器位置；说明控制要求和必要的控制参数。

6 对于层数较多、分段加压、分段排烟或中途竖井转换的防排烟系统，或平面表达不清竖向关系的风系统，应绘制系统示意或竖风道图。

5.8.8 供暖、通风、空调剖面图和详图

1 地板辐射供暖的地面构造图示。

2 风道或管道与设备连接交叉复杂的部位，应绘剖面图或局部剖面图。

3 绘出风道、管道、风口、设备等与建筑梁、板、柱及地面的尺寸关系。

4 注明风道、管道、风口等的尺寸和标高，气流方向及详图索引编号。

5 供暖、通风、空调、制冷系统的各种设备及零部件施工安

装,应注明采用的标准图、通用图的图名图号。凡无现成图纸可选,且需要交代设计意图的,均需绘制详图。简单的详图,可就图引出,绘制局部详图。

5.8.9 计算书

1 采用计算程序计算时,计算书应注明软件名称、版本及鉴定情况,打印出相应的简图、输入数据和计算结果。

2 以下计算内容应形成计算书:

1)供暖房间耗热量计算及建筑物供暖总耗热量计算,热源设备选择计算。

2)空调房间冷热负荷计算(冷负荷按逐项逐时计算),并应有各项输入值及计算汇总表;建筑物供暖供冷总负荷计算,冷热源设备选择计算。

3)供暖系统的管径及水力计算,循环水泵选择计算。

4)空调冷热水系统最不利环路管径及水力计算,循环水泵选择计算。

3 以下内容应进行计算:

1)供暖系统设备、附件等选择计算,如散热器、膨胀水箱或定压补水装置、伸缩器、疏水器等;

2)空调系统设备、附件等选择计算,如空气处理机组、新风机组、风机盘管、多联式空调系统设备、变风量末端装置、空气热回收装置、消声器、膨胀水箱或定压补水装置、冷却塔等;

3)空调、通风、防排烟系统风量、系统阻力计算,通风、防排烟系统设备选型计算;

4)空调系统必要的气流组织设计与计算。

4 必须有满足工程所在省、市有关部门要求的节能设计、绿色建筑设计等的计算内容。

5.8.10 当采用装配式建筑技术设计时,应明确装配式建筑设计暖通空调专项内容:

1 明确装配式建筑暖通空调设计的原则及依据。

2 对预埋在建筑预制墙及现浇墙内的预留风管、孔洞、沟槽等要有做法标注及详细定位。

3 预埋风管、线、孔洞、沟槽间的连接做法。

4 墙内预留暖通空调设备时的隔声及防水措施;管线穿过预制构件部位采取相应的防水、防火、隔声、保温等措施。

5 与相关专业的技术接口要求。

5.8.11 应结合室内设计将暖通设备及管线设计到位,并进行定位;对楼板和隔墙上的预留孔洞要有做法、标注及定位,对楼板建筑面层内的预埋管线要有做法及定位。

5.9 燃气与热力

5.9.1 在施工图设计阶段,燃气与热力专业设计文件应包括图纸目录、设计说明和施工说明、设备及主要材料表、设计图纸、计算书。

5.9.2 图纸目录

先列新绘制的设计图纸,后列选用的标准图、通用图或重复利用图。应准确统计设计成果文件的图纸名称、图号、图幅、自然张数等信息;明确选用的标准图集号及页码。

5.9.3 设计说明、施工说明与运行控制说明

1 设计说明

1)列出设计依据(内容见第4.10.2条第1款),当施工图设计与初步设计(或方案设计)有较大变化时应说明原因及调整内容。

2)工程概况:工程范围、气源或热源接点、压力、组分及相关参数、居民户数、燃具配置方案、用气(用热)规模等。

3)设计范围:明确设计范围、设计界面及工程内容。

4)设备及材料选型方案。

5)概述系统设计，列出技术指标。技术指标包括各类供热负荷及各种气体用量、设计容量、运行介质参数、热水循环系统的耗电输热比，燃料消耗量、灰渣量、水电用量等。说明系统运行的特殊要求及维护管理需要特别注意的事项。

6)设计所采用的图例符号。

7)节能设计，在节能设计条款中阐述设计采取的节能措施，包括有关节能标准、规范中强制性条文和以"必须""应"等规范用语规定的非强制性条文提出的要求。

8)绿色建筑设计所要求的各项措施(当项目设计按绿色建筑设计时)。

9)环保、消防及安全措施。应明确排烟、除尘、除渣、排污、减噪等方面的各项环保措施。应明确有关锅炉房、可燃气体站房及可燃气、液体的安全措施，如防火、防爆、泄压、消防等措施。当设计条款中涉及法规、技术标准提出的强制性条文的内容时，以"必须""应"等规范用语表示其内容。

2　施工说明

1)本工程采用的施工及验收依据。

2)设备安装：设备安装应与土建施工配合及设备基础应与到货设备核对尺寸的要求。

设备安装时，应避免设备或材料集中在楼板上，以防楼板超载；利用梁柱起吊设备时，必须复核梁柱强度的要求。

3)安装较大型设备时，需要预留安装通道的要求。

4)管道敷设方式、平面位置及高程要求。

5)管道安装：工艺管道、风、烟管道的管材及附件的选用，管道的连接方式及接头质量检验技术要求，管道的安装坡度及坡向，管道弯头的选用，管道的支吊架要求，管道的滑动支吊架间距表，管道的补偿器和建筑物入口装置等，管道施工应与土建配合预留埋件、预留孔洞、预留套管等要求。

6）系统的工作压力要求和管道吹扫、强度试验及气密性试验技术要求。

7）明确除锈方式、合格等级标准。

8）防腐、保温、保护、涂色：设备、管道的防腐措施、保温材料种类，设备、管道的保护及涂色，沿线标示、标志设置要求。

9）图中尺寸、标高的标注方法。

10）图例。

3　运行控制说明

需要时，对设备的运行控制要求进行说明。

5.9.4　锅炉房图

1　热力系统图

表示出热水循环系统、蒸汽及凝结水系统、水处理系统、给水系统、定压补水方式、排污系统等内容；标明图例符号（也可以在设计说明中加）、管径、介质流向及设备编号（应与设备表中编号一致）；标明就地安装测量仪表位置等。

2　设备平面布置图

绘制锅炉房、辅助间的平面图，注明建筑轴线编号、尺寸、标高和房间名称；同时绘出设备布置图，注明设备定位尺寸及设备编号（应与设备表中编号一致）。对较大型锅炉房根据情况绘制表示锅炉房、煤、渣、灰场（池）、室外油罐等的区域布置图。

3　管道布置图

绘制工艺管道及风、烟等管道平面图，注明阀门、补偿器、固定支架的安装位置及就地安装一次测量仪表位置，注明各种管道尺寸。当管道系统不太复杂时，管道布置图可与设备平面布置图绘在一起。

4　剖面图

绘制工艺管道和风、烟等管道布置及设备剖面图，注明阀门、补偿器、固定支架的安装位置及就地安装一次测量仪表位置，注明各种管道管径尺寸及安装标高、坡度及坡向，注明设备定位尺寸及设备编号（应与设备表中编号一致）。

5 其他图纸

根据工程具体情况绘制机械化运输平、剖面布置图，设备安装详图，水箱及油箱开孔图，非标准设备制作图等。

5.9.5 其他动力站房图

1 管道系统图（或透视图）

对热交换站、柴油发电机房等应绘制系统图，图纸内容和深度参照锅炉房部分；对燃气调压站和瓶组站绘制系统图，并注明标高。

2 设备及管道平面图、剖面图

绘制设备及管道平面图，当管道系统较复杂时，还应绘制设备及管道布置剖面图，图纸内容和深度参照锅炉房部分。

5.9.6 室内管道图

1 管道系统图（或透视图）

应绘制管道系统图（或透视图），包括各种附件、就地测量仪表，注明管径、坡度及管道标高（透视图中）。

2 平面图

绘制建筑物平面图，标出轴线编号、尺寸、标高和房间名称；绘制有关用气（汽）设备、设施的外形轮廓尺寸、定位尺寸及编号，绘制动力管道、入口装置及各种附件，注明管道管径，若有补偿器、固定支架，应绘制其安装位置及定位尺寸。

3 安装详图（或局部放大图）

当管道安装采用标准图或通用图时可以不绘管道安装详图，但应在图纸目录中列出标准图、通用图图册名称及索引的图名、图号，其他情况应绘制安装详图。

5.9.7 室外管网图

1 平面图

绘制建筑红线范围内的总图平面,包括建筑物、构筑物、道路、坎坡、水系等,并标注名称、定位尺寸或坐标;标注指北针;标注设计建筑物室内 ±0.000 绝对标高和室外地面主要区域的绝对标高;标注各单体建筑物的热(冷)负荷、阻力及入口调压装置的相关参数。

绘制管道布置图,图中包括补偿器、固定支架、阀门、检查井、排水井、调压箱等;标注管道、设备、设施的定位尺寸或坐标,标注管段编号(或节点编号)、管道规格、管线长度及管道介质代号,标注补偿器类型、补偿器的补偿量(方形补偿器时其尺寸)、固定支架编号等。

2 纵断面图(比例:纵向为 1:500 或 1:1 000,竖向为 1:50)

地形较复杂的地区应绘制管道纵断面展开图。

当地沟敷设时,所要标出的内容为管段编号(或节点编号)、设计地面标高、沟顶标高、沟底标高、管道标高、地沟断面尺寸、管段平面长度、坡度及坡向。

当架空敷设时,所要标出的内容为管段编号(或节点编号)、设计地面标高、柱顶标高、管道标高、管段平面长度、坡度及坡向。

当直埋敷设时,所要标出的内容为管段编号(或节点编号)、设计地面标高、管道标高、填砂沟底标高、管段平面长度、坡度及坡向。

管道纵断面图中还应表示出关断阀、放气阀、泄水阀、疏水装置、调压箱和就地安装测量仪表等。

简单项目及地势平坦处,可不绘制管道纵断面图而在管道平面图主要控制点直接标注或列表说明上述各种数据。

3 横断面图

当地沟敷设时,管道横断面图应表示出管道直径、保温层厚度、地沟断面尺寸、管中心间距、管与沟壁和沟底的距离、支座尺寸及覆土深度等。

当架空敷设时，管道横断面图应表示出管道直径、保温层厚度、管中心间距、支座尺寸等。

当直埋敷设时，管道横断面图应表示出管道直径、保温层厚度、填砂沟槽尺寸、管中心间距、填砂层厚度及埋深等。

采用标准图、通用图时可不绘管道横断面图，但应注明标准图、通用图名称及索引的图名、图号。

4 节点详图

必要时应绘制检查井、分支节点、管道及附件的节点详图。

5.9.8 设备及主要材料表

应列出设备及主要材料的名称、性能参数、单位和数量、制造及检验标准、备用情况等，对锅炉设备应注明锅炉效率。

5.9.9 计算书

1 锅炉房的计算包括以下内容：

1）热负荷计算；

2）主要设备选型计算；

3）管道的管径及水力计算；

4）管道固定支架的推力计算；

5）汽、水、电、燃料的消耗量计算；

6）炉渣量的计算；

7）煤、渣、油等的场地计算。

注：小型锅炉房可简化计算。

2 其他动力站房计算包括以下内容：

1）各种介质的负荷计算；

2）设备选型计算；

3）管道的管径及水力计算。

3 室内管道计算包括以下内容：

1)绘计算草图并做管径及水力计算；

2)附件选型计算；

3)高温介质时管道固定支架的推力计算。

注：当系统较简单时，可在计算草图上注明计算数据不另做计算书。

4 室外管网计算包括以下内容：

1)绘计算草图，并做管径及水力计算；

2)根据水力计算绘制水压图；

3)调压装置的选型计算；

4)架空敷设及地沟敷设管道的不平衡支架的受力计算；

5)应包括工程所在省、市有关部门要求的节能设计、绿色建筑设计、安全、环保等计算内容；

6)直埋敷设时管道对固定墩的推力计算；

7)管道的热膨胀计算和补偿器的选择计算；

8)直埋供热管道若做预处理时，做预拉伸、预热等计算。

注：管网简单时可简化计算。

5.9.10 应结合室内设计将燃气设备及管线设计到位，并进行定位；对楼板和隔墙上的预留孔洞要有做法、标注及定位。

5.10 预 算

5.10.1 施工图预算文件包括封面、签署页(扉页)、目录、编制说明、建设项目总预算表、单项工程综合预算表、单位工程预算书。

5.10.2 封面、签署页(扉页)，参照第5.1.2条。

5.10.3 预算编制说明

1 工程概括。简述建设项目的建设地点、设计规模、建设性质(新建、扩建或改建)和项目主要特征等。

2 编制依据

1)设计图纸；

2)国家和地方政府有关建设和造价管理的法律、法规和规程；

3）当地和主管部门现行的预算定额（或综合预算定额）、单位估价表、材料及构配件预算价格和有关费用规定的文件等；

4）人工、设备及材料、机械台班价格依据；

5）建设单位提供的有关预算的其他资料；

6）有关文件、合同、协议等；

7）建设场地的自然条件和施工条件。

3 预算编制范围。

4 其他特殊问题的说明。

5 技术经济指标。

5.10.4 建设项目总预算表。由各单项工程综合预算表组成。

5.10.5 单项工程综合预算表。由各单位工程预算书汇总组成。

5.10.6 单位工程预算书。其内容及编制要求参照第4.11.7条。

本标准用词说明

1 为便于在执行本规程条文时区别对待,对要求严格程度不同的用词说明如下:

1)表示很严格,非这样做不可的:

正面词采用“必须”,反面词采用“严禁”。

2)表示严格,在正常情况下均应这样做的:

正面词采用“应”,反面词采用“不应”或“不得”。

3)表示允许稍有选择,在条件许可时首先应这样做的:

正面词采用“宜”,反面词采用“不宜”。

4)表示有选择,在一定条件下可以这样做的,采用“可”。

2 条文中指明应按其他有关标准、规范执行的写法为:“应符合……的规定”或“应按……执行”。

引用标准及文件名录

《建筑工程设计文件编制深度规定》(2016 年版)(建质函〔2016〕247 号)

河南省工程建设标准

河南省成品住宅设计文件编制深度标准

DBJ41/T185－2017

条　文　说　明

目　次

1 总 则

1.0.4 本标准包含住宅套内和公共部位。

公共部位:指住宅地下、地上公共大堂、走廊、电梯间、楼梯间等区域。

3 方案设计

3.2 设计说明书

3.2.4 室内设计说明

1 室内设计的构思和风格定位:根据业主方的产品市场定位的消费群体确定成品住宅的设计风格,以及采用某种元素实现其空间审美效果。

2 户型空间的动线、功能分析:成品住宅的户型内各空间的交通流线是否流畅,是否形成无效空间造成空间浪费。功能分析是对人在住宅各空间中空间的定位并根据人机工程学确定尺度、面积、采光通风等。

3 成品住宅的主要空间说明及定位:按照绿色节能标准所有部品都应符合成品住宅模数进行标准化生产、安装以及定位。

3.2.7 给水排水专业方案设计说明,简述本专业设计的系统,给出主要设计参数,并配合其他专业确定设备用房、主要管井等,不可漏项。涉及专项设计内容时给出设计分界,特别需强调的内容如绿色建筑、海绵城市等,适当细化。

3.3 设计图纸

3.3.3 室内设计图纸

1-1) 室内平面布置图:除具备建筑平面相关内容要求外,还要具有装饰构造外轮廓线,如厨房、卫生间墙砖,房间踢脚线,背景墙、门、门套以及门的编号。

3 空间设计方案效果图:反映成品住宅主要空间的实际效果。其内容应展现设计构思、各种机电点位的精准位置、照明和家具部品关系。

4 初步设计

4.5 室内设计

4.5.2-3 内装施工工艺说明:指成品住宅空间六面所涉及的各种材料安装收口等施工工艺。

4.5.3-1-6) 建筑设备平面布置图

①各种电气设备定位:各种电器设备等强弱电在套内部品平面布局图中标注定位;同时强弱电箱在套内部品平面布局图中标注定位。

②套内各种给水排水点位定位:套内各种给水排水,冷热水点的标注定位及地漏定位图;同时给水排水管道合理化位置建议。

③通风空调设备、管道及风口定位:新风设备位置、管道走向及风口分布位置相应标注定位。

④地暖分集水器合理标注定位。

⑤燃气管道及接口标注定位。

4.5.3-2-2) 套内各房间灯具设计和部品家具、软装饰品的照明关系图:指照明灯具和家具部品的对应关系,避免眩光,检验灯光角度对展示面照明效果,以及相应色温、照度指标分析。

4.5.3-3 建筑设备立面图

1)各种电气设备定位:体现套内各种开关插座、地脚灯、电器设备、空调风口等设施和部品家具的对应关系并标注定位。

2)套内各种给水排水点位定位:体现套内各种给水排水,冷热水给水点和部品家具的对应关系和相应在立面图中的标注定位。

3）通风空调风口在立面图中标注定位。

4）地暖分集水器在立面图中标注定位。

5）燃气管道及接口在立面图中标注定位。

4.6 结　构

4.6.2-7-4） 当同一户型提供多种内装套餐时，结构专业应针对每一种内装套餐，对主要结构构件进行复核和计算。结构初设中应对此进行必要的分析和说明。

4.8 给水排水

4.8.2-3 应明确设计范围。建筑给水排水分为室内和室外两个部分，为不同的设计子项，分别设计、出图。室内设计以距建筑物外墙 1.5 ~ 3 m 为界（给水阀门井或第一个排水检查井）。室外部分为建筑红线内的小区总图外线。

需要专项设计或二次设计的系统，如二次深化设计；消防专项设计（气体灭火、水喷雾及高压细水雾、大空间消防、超细干粉等特殊消防设计）；环保专项设计（污水处理）；抗震支吊架及其他需要二次设计的系统（满管压力流（虹吸）排水系统、雨水控制与利用、游泳池水处理系统、太阳能热水系统、整体卫浴、公共厨房给水排水、洗衣房、中水处理机房及其他专业机房或工艺的设计）等。

4.8.2-4-1） 当建自备水源时，一般不是建筑给水排水设计内容，应按照《市政公用工程设计文件编制深度规定》要求，另行委托设计。简单工程可参照下述要求，简单说明水源的水质、水温、水文、水文地质及供水能力、取水方式及净化处理工艺，说明各构筑物的工艺设计参数、结构形式、基本尺寸、设备选型、数量、主要性能参数、运行要求等。

4.8.2-4-4） 消防系统如系改建、扩建工程，也应简介现有消防水源、水池、水箱、消防供水管网等情况。

4.8.2-4-5） 中水处理站工艺复杂，且可选用处理工艺多样，可进行二次设计。

4.8.2-4-6） 建筑小区（室外）循环冷却水系统主要为集中空调系统服务，主要技术指标可参考《工业循环水冷却设计规范》（GB/T50102）及《工业循环冷却水处理设计规范》（GB50050）。

4.8.2-4-7） 其他循环用水系统，如游泳池循环水系统、园区水系的循环系统、工业项目生产循环用水系统等。

4.8.2-5-3） 当生活、生产等污水需要处理时，一般不是建筑给水排水设计内容，应按照《市政公用工程设计文件编制深度规定》要求，由市政或环保设计资质的公司另行设计。简单工程可参照上述要求，简单说明污水水质、处理规模、处理方式、工艺流程、设备选型、构筑物概况以及处理后达到的标准等。

4.8.2-5-5） 雨水的控制与利用系统，按照海绵城市的要求，落实“渗、滞、蓄、净、用、排”六字方针，主要是充分利用场地空间合理设置雨水基础设施，如设置下凹式绿地、雨水花园、植草沟等有调蓄雨水功能的绿地和水体；合理衔接和引导屋面雨水、道路雨水进入地面生态设施，并采取相应的径流污染控制措施；硬质铺装地面中透水铺装及雨水的收集、调蓄、净化与利用等。

雨水的控制与利用系统的设计应由建筑总图、环境景观、给水排水等专业协同设计。当设置绿色雨水基础设施面积较大时，应进行雨水专项规划设计。

4.8.2-8 参照4.8.2-4-5）条文说明。

4.8.2-13 绿色建筑系指在全寿命期内，最大限度地节约资源（节能、节地、节水、节材）、保护环境、减少污染，为人们提供健康、适用和高效的使用空间，与自然和谐共生的建筑。

绿色建筑评价应遵循因地制宜的原则，结合建筑所在地域的气候、环境、资源、经济及文化特点，对建筑全寿命期内节能、节地、节水、节材、保护环境等性能进行综合评价。

《绿色建筑评价标准》(GB/T50378)是采用打分的方式,总分达到50分为一星级,60分为二星级,80分为三星级。3个等级的绿色建筑均应满足该标准的所有控制项的要求,且每类指标的评分项得分不应少于40分。

绿色建筑评价指标体系在节地与室外环境、节能与能源利用、节水与水资源利用、节材与材料资源利用、室内环境质量和运行管理六类指标的基础上,增加"施工管理"类评价指标。

对给水排水专业,主要为节水与水资源利用,同时对节能、节材、室内环境、运营管理等项目加以控制。对水资源利用、给水排水系统设置、节水器具与设备选用、非传统水源利用及创新与提高均提出了要求。

设计中应按要求逐项进行阐述,对相应技术进行比较系统的分析与总结,并提供详细数据,满足评价标准的要求。

4.8.2-6-4) 自动喷水灭火系统通常有湿式、干式、预作用等系统,还有水幕、雨淋、水喷雾、高压细水雾及泡沫系统等。

4.8.3-2-1) 应绘制主要设备机房(如水池、水泵房、热交换站、水箱间、水处理间、游泳池、水景、冷却塔、热泵热水、太阳能和屋面雨水利用等)平面设备和管道布置图,需要二次设计的,预留平面位置即可。在平面图中已表示清楚者,可不另出图。

4.8.4 设备及主要材料表包含主要设备及主要材料、器材等。

主要设备应包括设计选用的各类泵组、热水锅炉(机组)、换热器、冷却塔、水箱(罐)等;主要材料、器材是指编制概算或采购时对性能或技术参数有特殊要求的器材,如消火栓、消防水泵接合器、喷洒头、特殊阀门(报警阀、信号阀、温控阀、减压阀、止回阀、安全阀、泄压阀等)、紫外线消毒器、雨水斗、水表及卫生洁具等。对一般通用材料,如管材、普通阀门(含止回阀)、管件、压力表、温度表等,可在设计总说明、图例中表明名称(符号)、材质、性能参数等要求,可不列入设备及主要材料表中。

4.10 燃气与热力

4.10.3-4 成品住宅项目需要进行一体化设计,各类管线需要安装到位,初步设计阶段应结合厨房家具、设备的布置,考虑管线综合布置,绘制燃气管道的平面走向图。

5 施工图设计

5.6 建筑电气

5.6.15 成品住宅电气设计电气点位较多,应定位,并满足成品住宅使用要求,避免二次安装、资源浪费。

5.7 给水排水

5.7.1 设备及主要材料表内容参照第4.8.4条。

5.7.2 对设计选用的标准图应按现行版本选用,并给出图集号及选用页数。

5.7.3-1-1) 设计依据参照4.8.2-1。

5.7.3-1-4) 小区内有多栋建筑物时可绘制“建(构)筑物消防流量一览表”。当生活给水系统等分区供水或多个供水系统时,应给出(可列表)各分区或系统的秒设计流量及设计压力。

5.7.3-1-8) 绿色建筑设计内容,除应满足《绿色建筑评价标准》(GB/T50378)的相关要求外,还应满足当地的规程、规范的要求。

在施工图设计阶段,绿色建筑说明应简明表述施工图设计文件中的绿色建筑设计内容、重要指标等信息,以方便审核人员验证设计文件是否达到绿色建筑设计目标。除绿色建筑设计目标和对施工与建筑运营管理的技术要求之外的其他说明内容可采用表格的形式。

5.7.3-1-9) 需要专项设计或二次设计的系统见4.8.2-3的说明。主体设计院应提出技术要求,并配合有相应设计资质的专项设计公司(其采用的设计软件应有国家有关权威部门的认证)预留机房等面积、给水排水管道、其他专业条件。

抗震设防烈度为6度(甲类建筑)及6度以上地区的建筑机电工程必须进行抗震设计。对给水排水工程,主要是管道及其抗震支吊架、设备、设施抗震设计等,由主体设计单位提出,由有设计资质的公司(产品供应商)进行二次设计并配合施工单位进行优化、施工。

对专项设计内容,业主可委托主体设计院设计,也可另行委托设计。对二次深化设计成果,本着谁委托谁负责的原则,主体设计院委托时应对设计成果进行校核确认。必要时,与主体设计同时出图。

5.7.4-2 构筑物指化粪池、隔油池等。

5.7.4-4 给水管的埋深或敷设的标高可在设计说明中表述。复杂项目可标注管道长度,并绘制节点图,注明节点结构。设计中选用的标准图可在图中标注或在设计说明中阐述。

5.7.4-5 为控制排水管道的埋深及便于施工,建筑小区内对起控制作用的主要排水检查井进行编号标注即可。如起点、变径、变坡处、转折处、排水管道交会处、连接排水构筑物进出井、出户井等。

简单工程可参照上述要求。系统较大时,应按照《市政公用工程设计文件编制深度规定》的要求,由有市政设计资质的公司另行设计。

5.7.6 自备水源取水工程,因工艺复杂,超出一般建筑给水排水设计范围,应按照《市政公用工程设计文件编制深度规定》的要求,由有市政设计资质的公司另行设计。

5.7.7 雨水控制与利用系统设计,一般应进行专项设计。

简单工程可按下列要求设计。除满足4.8.2-3的要求外,应给出以下详图:

雨水调蓄池的接管详图;

雨水井、雨水口、提升、收集设施、渗排水设施的接管详图;

雨水回用设施的详图。

5.7.8-3 管径较大可根据工程实际确定,一般指管径大于等于300～500 mm。如房间管道较大、安装较宽松,可按管径大于等于500 mm 执行。管道绘制双线图目的是满足施工要求。

5.7.11 对建筑小区内简单的污水处理工程,可由专业公司二次设计,主体设计院预留位置及提出设计要求,对设计文件进行审核。

5.7.12-1-4) 在平面图中引入管处标注管道设计流量和水压值,便于总图外线设计。也可标注在系统图中。设计说明能阐述清楚时也可在设计总说明中给出。

5.7.12-1-7) 进行专项设计(二次深化设计)时,应委托有设计资质的公司进行专项设计(二次深化设计),所采用的设计软件应有国家有关部门的认证。主体设计单位应对设计成果进行校核。委托有设计资质的公司时,可以分包出图,无设计资质的公司的设计参考图,设计主体单位应对设计成果进行校核、确认并出图。

5.7.12.2-1)、2) 当用系统原理图能表达清楚时,可只给出系统原理图或展开系统原理图,施工单位根据系统原理图适当深化。

对热水系统管径较大时,给出伸缩节、固定支架等。

展开系统原理图和轴测图,图中如各层(或某几层)卫生设备及用水点接管(分支管段)情况完全相同,在展开系统原理图上可只绘一个有代表性楼层的接管图,其他各层注明同该层即可。

5.7.13 同4.8.4条文说明。

5.7.14 计算书是设计的基础,给排水设计师应按规范等要求认真计算,使设计做到经济合理。计算书作为内部技术资料,各单位应存档备查。

5.8 供暖通风与空气调节

5.8.3-1-12) 绿色建筑设计说明内容可参照《河南省绿色建筑评

价标准》《郑州市绿色建筑施工图设计阶段审查要点》等相关暖通专业内容进行编制。

5.8.5-2 主要增加了户式燃气供暖热水炉自供暖以及地板辐射供暖要求的内容。

5.8.8-1 地板辐射供暖的地面构造图宜分不同的特征部位分别绘制(比如与土壤相邻的地面、与不供暖房间或室外相邻的地面、标准层地面、潮湿房间地面等)。

5.9 燃气与热力

5.9.3-1 在《建筑工程设计文件编制深度规定》(2016版)的基础上,本部分主要增加项目工程概况、设计范围和主要设备及材料的选型方案等相关设计说明,对项目的整体情况和主要技术方案进行总体的描述。

5.9.3-2 成品住宅项目中燃气与热力专业主要工作内容为供热和燃气供应管道,在《建筑工程设计文件编制深度规定》(2016版)的基础上,本部分主要增加管道安装、试压、防腐、保温、保护等方面的施工说明要求。